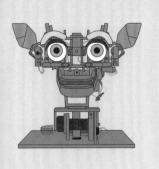
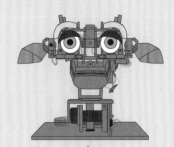

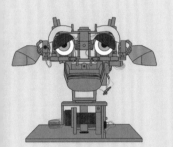
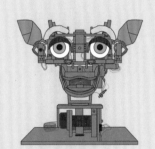
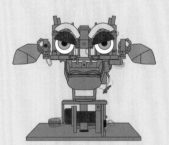
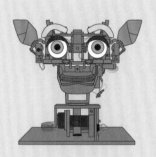
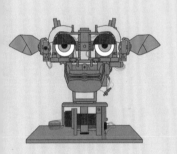
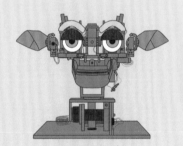
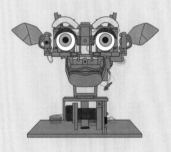
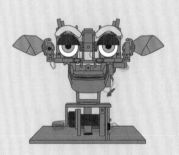
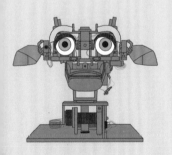

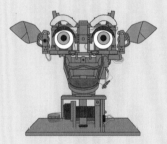

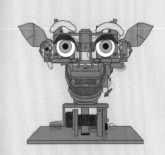

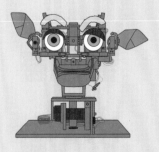

세상 모든 로봇들이 사는 곳
로봇랜드

초판 1쇄 인쇄 2024년 6월 20일
초판 1쇄 발행 2024년 6월 30일

지은이 베르타 파라모
옮긴이 성소희
펴낸이 김연희

펴 낸 곳 그림씨
출판등록 2016년 10월 25일(제406-251002016000136호)
주   소 경기도 파주시 광인사길 217(파주출판도시)
전   화 (031) 955-7525
팩   스 (031) 955-7469
이 메 일 grimmsi@hanmail.net

ISBN 979-11-89231-56-9 03550

RO
BOT
LAND

세상 모든 로봇들이 사는 곳 ——————— 로봇랜드

베르타 파라모 지음 | 성소희 옮김

그림씨

0

로봇랜드 방문하기

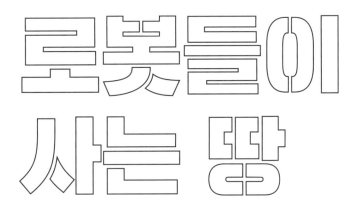

로봇들이 사는 땅

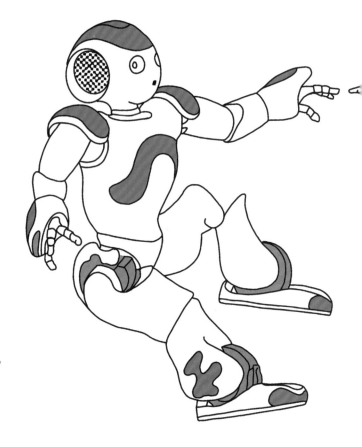

지금 우리가 방문하려는 세계는 생각보다 훨씬 오래되었다. 믿기 어렵겠지만, 이곳은 수천 년 전에 건설되었다. 로봇랜드는 인공 생명을 창조해 내려는 인간의 끝없는 충동에서 탄생했다. 더불어 로봇랜드는 끝임없이, 점점 더 빠르게 진화하고 있다.

다행히 이 땅에는 시간도 공간도 존재하지 않는다. 따라서 로봇랜드 방문객은 가장 최근에 생겨난 로봇에서부터, 로봇의 가장 원시적인 조상, 심지어 허구 속에 존재하는 로봇까지 만나 볼 수 있다.

환상적인 로봇랜드 여행은 로봇의 역사를 살펴보는 것으로 시작한다. 이 가이드를 참고해서 여행을 최대한 즐기길 바란다.

"앞으로 다가올 것은 경이롭다."

_아이작 아시모프

(1964년 뉴욕 세계박람회를 관람하고 나서)

가이드 활용법

로봇랜드에서 길 찾기

도입부에서는 로봇랜드의 개요를 설명한다. 로봇랜드에는 누가 사는지, 정치의 형태와 종교, 서식하고 있는 동식물, 그리고 여행을 즐기는 방법을 알려 줄 것이다.

가이드가 미리 짜 놓은 여정에 따라 여행하는 방법이 가장 쉽다. 코스를 따라 이동하다가 정거장에서 내리면 로봇랜드에 살고 있는 다양한 주민을 만날 수 있다. 가이드의 각 장은 방문객이 따라갈 수 있는 일종의 노선이나 경로에 해당한다. 로봇랜드에서는 로봇의 기원을 밝히는 이론을 크게 세 가지로 나누는데, 가이드의 각 장은 세 가지 이론 가운데 하나에 속한다. 또한, 장별로 고유의 색깔이 지정되어 있다(예를 들어 1장은 분홍색, 2장은 연두색이다). 각 페이지 옆쪽에는 그 장에 해당하는 색깔의 삼각형이 표시되어 있으니, 본인이 지금 몇 장을 보고 있는지 언제든 쉽게 파악할 수 있다. 대체로 로봇 하나가 여러 노선, 즉 여러 장에 중복으로 포함된다. 다만, 해당 로봇에 관한 설명은 하나의 장에 한 번만 나온다. 여러 노선이 만나는 교차 지점에서는 자유롭게 경로를 바꿔서 다른 노선을 따라갈 수도 있다.

1
▼

각 장의 첫 페이지는 그 노선에 해당하는 색깔로 되어 있다. 첫 페이지에서는 노선을 짤막하게 설명한다. 노선의 정거장 목록을 안내하고, 그 노선에서 사는 로봇랜드 주민들을 소개한다.

2
▼

로봇랜드 주민이나 그 주민이 탄생한 역사적 순간에 얽힌 흥미로운 이야기도 자주 나온다.

3
▼

검은색 바탕의 박스에서는 로봇을 만든 인물과 그들의 삶을 간략하게 설명한다.

4
▼

로봇랜드 지도에서는 각 노선에 배치된 주민들을 모두 찾아볼 수 있다. 노선을 따라 이동하다가 정류장에 내리면 주민을 하나씩 만날 수 있을 것이다.

5
▼

각 주민은 다음과 같은 방식으로 설명한다.

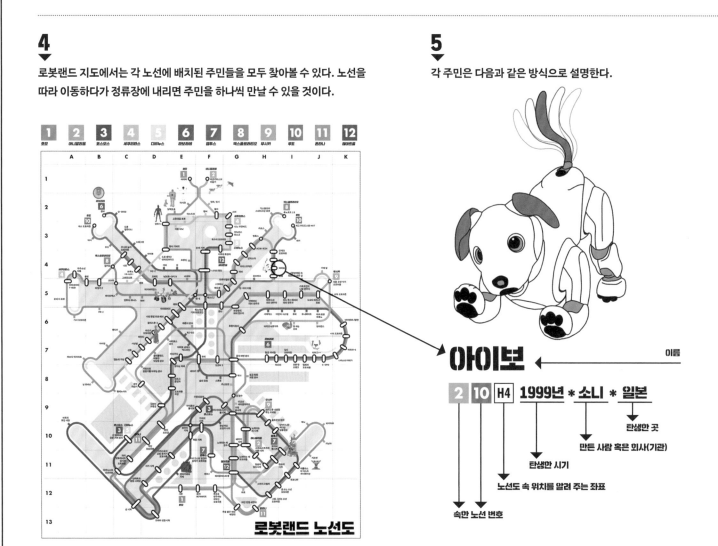

로봇랜드 노선도

아이보 ← 이름

2 **10** **H4** **1999년** * **소니** * **일본**

→ 탄생한 곳

→ 만든 사람 혹은 회사(기관)

→ 탄생한 시기

노선도 속 위치를 알려 주는 좌표

속한 노선 번호

로봇 우주론
모든 것이 시작된 곳

로봇 우주론이란, 로봇랜드 주민의 기원을 밝히려는 신화 이야기와 이론 전체를 말한다. 로봇의 창조주이자 주인은 인간이지만, 허구에서는 신적인 존재가 로봇의 창조주로 등장하기도 한다.

로봇랜드의 각 노선, 또는 경로를 설명하는 주요 로봇 우주론으로는, '시뮬라크라Simulacra'와 '세르비투템Servitutem', '오스텐타티오넴Ostentationem' 세 가지가 있다(시뮬라크라는 '모형'이나 '복제', 세르비투템은 '노예' 또는 '예속', 오스텐타티오넴은 '과시'를 의미하는 라틴어에서 비롯한 말이다-옮긴이). 이 우주론은 왜 인간이 로봇을 만드는지, 왜 로봇이 필요한지를 설명해 준다.

시뮬라크라 복제된 로봇

태초에는 오로지 자연만 있었을 뿐, 아무것도 없었다. 나중에 생겨난 인간은 자연의 아름다움을 찬양했다. 자연의 매력이 어찌나 대단했던지, 인간은 자연을 인공적으로 재현하려 했다. 결국, 인간은 자신을 창조한 신성한 힘에 맞서 스스로 창조자가 되었다. 그렇게 해서 자연과 비슷한 기술-자연이 생겨났다. 이 인간이 재현한 자연은 유사 인간과 기계 동물, 깡통에 갇힌 식물과 별로 구성되어 있다.

1 2 3

세르비투템 노동하는 로봇

처음에는 인간이 직접 몸을 움직여서 일했지만, 곧 노동에 넌더리가 났다. 인간은 힘겹고 지루하고 위험하고 어렵고 더러운 노동에서 벗어날 방법만 골똘히 생각했다. 쉬면서 자유를 누리고 싶었던 인간은 지시를 내리기만 하면 지칠 줄 모르고 일하는 노예를 원했다. 인간이 즐겁게 노는 동안 복제 인간이 진절머리 나는 일을 대신해 준다는 황금 같은 꿈이었다.

4 5 6 7 8

오스텐타티오넴 과시하는 로봇

최초의 인간은 모두 똑같았다. 가진 것도 살아가는 모습도 전부 비슷했다. 한결같은 세상은 지루했고, 재미있는 일이 필요했다. 그러자 인간은 쇼와 마술을 시작했다! 다른 사람들을 깜짝 놀라게 해 줄 아이디어가 끝도 없이 떠올랐다. 게임과 판타지가 세상 구석구석을 채웠다. 아름다움과 오락으로 가득한 새 세상을 만들겠다는 생각, 과시주의와 허영도 자라났다.

9 10 11 12

허구 속 로봇

허구가 현실보다 앞서는 경우가 많다. 따라서 신화와 문학, 영화에 등장하는 로봇과 오토마톤(자동 장치)도 로봇랜드의 주민이 될 수 있다. 무엇이든 실제로 창조하기 전에 먼저 상상하는 법이다. 로봇 기술이 발달하기 수 세기 전, 로봇랜드의 수많은 주민은 인간의 공상 속에서 탄생했다. 이런 허구 속 로봇은 특별히 'O'로 표시했다.

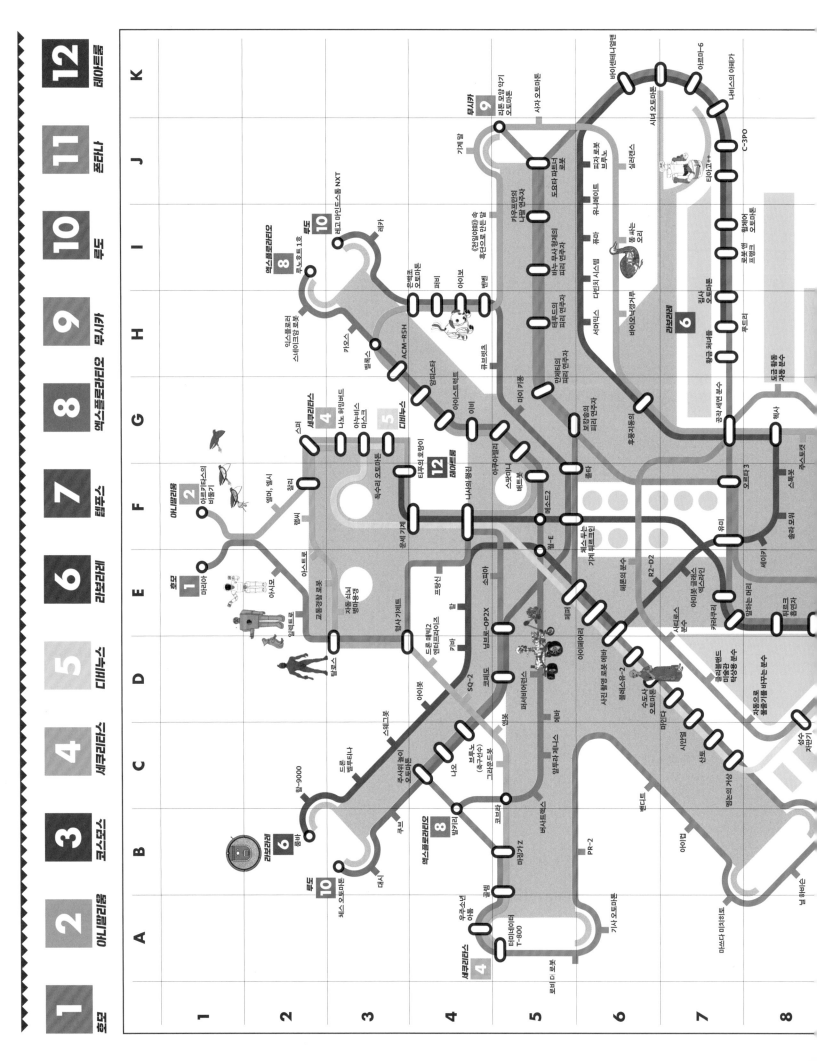

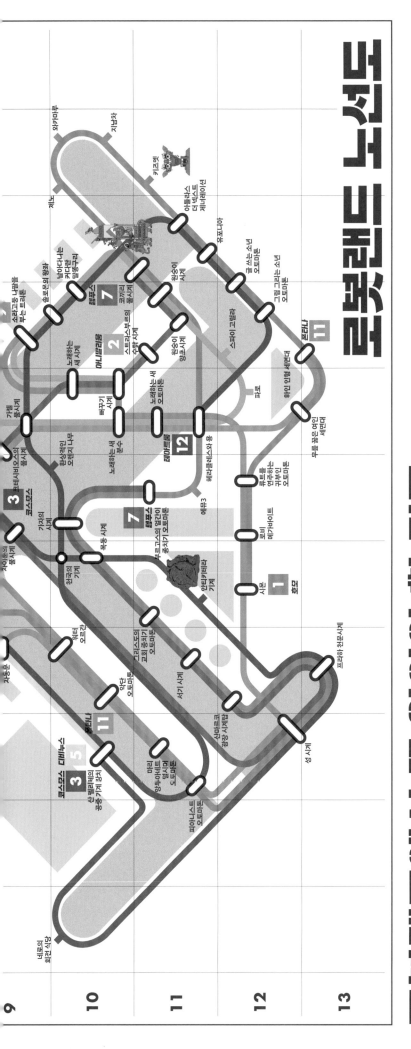

로봇랜드 누비기

로봇랜드를 여행할 시간이 맞지 않지 않은 방문객들을 위해
가장 인기 많은 로봇을 소개한다.

로봇랜드에서 꼭 알아야 할 것들
동선은 안 될 주요 로봇

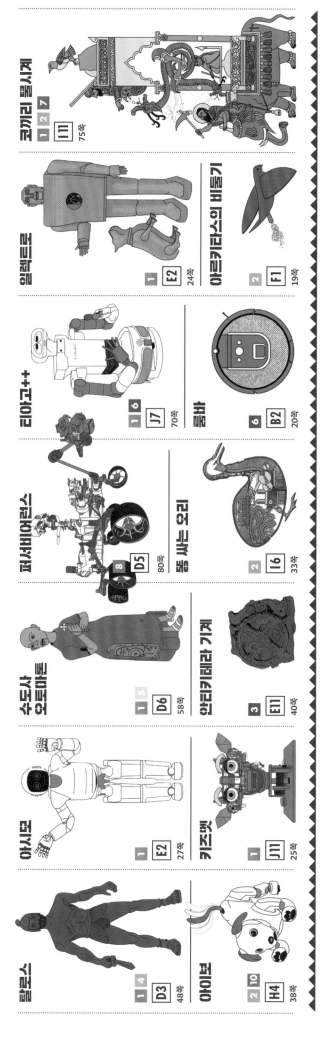

코끼리 물시계 1 2 7 / 111 / 75쪽

엘렉트로 1 / E2 / 24쪽

아르키타스의 비둘기 2 / F1 / 19쪽

티아고++ 1 6 / J7 / 70쪽

룸바 6 / B2 / 20쪽

퍼서비어런스 8 / D5 / 80쪽

똥 싸는 오리 2 / I6 / 33쪽

수도사 오토마톤 1 5 / D6 / 58쪽

안티키테라 기계 3 / E11 / 40쪽

아시모 1 / E2 / 27쪽

키즈멧 1 / J11 / 25쪽

탈로스 1 4 / D3 / 48쪽

아이보 2 10 / H4 / 38쪽

어원
단어의 기원

이곳의 원래 이름은 '로봇랜드'가 아니었다. 처음에는 여기저기 흩어진 여러 마을이 모여 '오토매트랜드Automatland'라는 유서 깊은 지방을 구성하고 있었다. 1920년, 겨우 몇 해 전에 생겨난 신생국가 체코슬로바키아의 젊은 극작가가 자신의 작품에서 '로봇robot'이라는 체코어 낱말을 사용했다. 이 희곡 덕분에 로봇이라는 단어가 전 세계로 널리 퍼졌다. 이후 기술이 발전하더니 이곳에 새로운 주민이 생겨났고, 지금 우리가 살펴보는 이 땅이 새 이름을 얻었다. 이렇게 로봇랜드가 탄생했다.

카렐 차페크 KAREL ČAPEK
1890~1938

체코 문학을 널리 알린 걸출한 작가. 차페크의 작품은 다양한 언어로 번역되었고, 일곱 번이나 노벨문학상 후보에 올랐다. 그가 이룬 성과는 대단했다. 기자이자 사진작가, 만화가, 철학자, 극작가, 여행가이기도 했던 차페크는《R.U.R. : 로숨의 유니버설 로봇》의 저자로 잘 알려져 있다. 그가 이 희곡에서 '로봇'이라는 단어를 처음 사용하였고, 그 후 로봇이라는 단어가 널리 쓰이기 시작했다.

사실, '로봇'이라는 단어를 사용하자고 먼저 제안한 사람은 카렐 차페크의 형 요제프 차페크였다.

"새로운 작품에 관한 아이디어가 떠올랐어."
카렐이 말했다.
"무슨 내용인데?"
그림을 그리던 요제프가 잠시 멈추고 대답했다.
"감정이 없는 인공의 존재를 만들어 내는 공장에서 벌어지는 이야기야. 일을 시키려고 그런 존재들을 만들어 내는 거지. 그런데 나중에 일이 엉망진창으로 꼬여."
"재미있겠는데."
"그런데 이 인조 노동자를 뭐라고 불러야 할지 모르겠어. '라보리' 같은 이름을 붙일까 싶어."
(라틴어 '라보르labor'는 노력이나 일, 노동 등을 가리키는 말로, 다양한 유럽 언어의 어원이 되었다 – 옮긴이)
"음… 별로야…. '로봇'이라고 부르자. 그나저나 이 아프리카 왕 그림은 어때? 큐비즘이 어찌나 영감을 주는지!"

요제프는 새로운 낱말을 만들어 낸 것이 아니라 '노역'이나 '강제 노동'을 뜻하는 체코어 '로보타robota'에서 '로봇'이라는 단어를 만들어 냈다. 덕분에 로봇은 인간에게 예속된 상태라는 것이 강조되었다.

로봇랜드 주민들
누가 사는가?

로봇랜드 주민들에 대해 이야기를 하는 것은 로봇랜드의 영토 자체를 이야기하는 것과 같다. 로봇랜드 방문객이 알아야 할 필수 사항이 있다. 로봇랜드 주민 일부가 인간처럼 보일지라도 그들은 결코 인간이 아니라는 사실이다. 로봇랜드 주민은 태어나지 않고 만들어진다. 이들을 만들어 내는 작업은 (신화와 허구를 제외한다면) 인간의 손에 달려 있다.

최초의 주민

인공 생명을 창조하려는 생각은 태곳적부터 인류 사이에 퍼져 있었다. 하지만 그런 존재를 개발할 기술이 없었기 때문에 로봇랜드의 주민이 처음 태어난 것은 신화 속에서였다. 호메로스의 《일리아스》에는 대장간의 신 헤파이스토스가 자신의 궁전에서 시중을 들 처녀 둘을 황금으로 만들어 냈다는 이야기가 나온다. 아리따운 여인의 모습을 한 이 자동 기계는 총명하고 강인할 뿐만 아니라, 말도 할 수 있다. 그야말로 완벽한 시녀다. 호메로스는 헤파이스토스가 어떻게 황금 처녀를 만들어 냈는지에 대해서는 자세하게 설명하지 않았다. 과학이 발달하지 않은 시대였으므로, 마법이나 신성한 힘이 생명 없는 물질에 생명을 불어넣었다. 마찬가지로 아프로디테 여신은 피그말리온의 소원을 들어주려고 조각상 갈라테아에게 숨을 불어넣었다. 완벽한 여성을 찾아 헤매다가 상아를 깎아서 갈라테아를 만들었던 피그말리온은 살아 있는 여인이 된 갈라테아의 완벽함에 반해 사랑에 빠진다.

오토마톤AUTOMATON

로봇랜드가 건설되기 전, 정확히 말해서 로봇이 태어나기 전에는 로봇의 조상인 오토마톤이 이 땅에 살았다. 오토마톤은 생명체의 모양과 움직임을 모방하는 자동 장치다. 이 원시적인 로봇은 고대 그리스 시대부터 존재했다. 세월이 흐르며 점점 더 정교해진 오토마톤은 18세기에 정점에 이르렀다. 오토마톤은 과학과 기술의 발달로 탄생했지만, 이 창조물에 놀란 과거 사람들은 기계의 움직임과 뛰어난 재주가 초자연적인 힘과 주술 덕분이라고 생각했다. 오토마톤은 실용적 목적으로 쓰였지만, 그렇지 않은 경우가 더 많았다. 고대 로마의 건축가 비트루비우스가 《건축 10서》에서 밝혔듯이, 오토마톤은 "사람들에게 즐거움을 주려고" 만들었다. 이런 오토마톤으로는 놀라운 장치와 구조를 갖춘 분수와 기계적인 장난감, 상상 속의 동물, 거의 사람처럼 보이는 하인 따위가 있다. 물이나 압축 공기, 증기, 튜브, 사이펀, 추, 도르래, 지렛대, 톱니바퀴가 이 경이롭고 진기한 장치에 생명을 심었다.

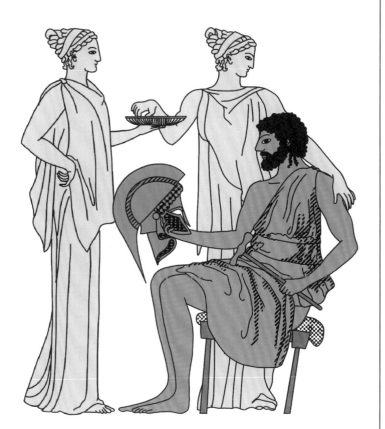

황금 처녀들Kourai khryseai
○ 1 6 H7 기원전 8세기 * 헤파이스토스 * 고대 그리스

독수리 오토마톤
2 5 G3
13세기 * 비야르 드 온느쿠르 * 프랑스

사도 요한의 상징인 독수리가 복음서를 읽는 성직자 쪽으로 고개를 돌린다.

기계의 메커니즘은 간단하다. 도르래 몇 개, 새끼줄 하나, 추 하나만 있으면 된다.

로봇

기술이 충분히 발달하고 세계대전을 두 차례 겪은 뒤, 특히 산업계에서 경기 회복이 필요했던 20세기가 되어서야 비로소 최초의 로봇이 등장한다. 같은 작업을 반복하는 노동자를 대체하기 위해 산업용 로봇이 탄생했다.

유니메이트Unimate

6 **J6** 1961년 * 유니메이션 * 미국

최초의 산업용 로봇은 자동차 공장 직원의 안전을 위해 설치하였다. 유니메이트는 조립 라인을 따라 부품을 운반하고 차량을 용접했다. 용접 중에 발생하는 연소 가스를 들이마실 수도 있고, 심지어 손을 잃을 수도 있기 때문에 이 공정은 인간이 하기에는 위험한 작업이다.

몇 년 후, 우주 정복이 시작되자 로봇은 새로운 위험 작업에 사용되었다. 인간 활동에 로봇이 점점 더 많이 필요하게 되면서 로봇랜드의 주민들도 늘어났다.

조지 C. 데볼 GEORGE C. DEVOL
1912~2011

로봇 특허를 처음으로 출원한 미국 발명가. 1956년, 데볼은 조지프 엥겔버거Joseph Engelberger와 함께 최초의 로봇 회사인 연합조종장치회사Consolidated Controls Corporation를 설립했다. 훗날 이 기업은 '유니메이션'으로 회사명을 바꾸었다. 1961년, 두 사람은 최초의 산업용 로봇인 유니메이트를 제너럴모터스 공장에 설치했다.

처음으로 달에 발을 디딘 로봇은 소련의 달 탐사차 루노호트Lunokhod였다. 지구에서 원격으로 조종되는 이 월면차(달의 표면을 다닐 수 있도록 만든 차-옮긴이)는 달 표면(토양의 화학적·물리적 성분)을 탐사하고 이미지를 지구로 보내는 임무를 맡았다.

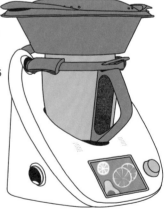

이 주방 로봇은 음식 재료를 자르고 섞고 반죽하고 삶고 끓인다. 1961년에 출시된 첫 번째 모델부터 2021년의 최신 모델인 TM6까지 서머믹스는 모두 10세대가 탄생했다.

서머믹스
Thermomix

6 **H6**

1961년 * 포어베르크 * 독일

루노호트 1호Lunokhod 1

8 **I2**

1970년 * NPO 라보츠킨 * 소비에트 연방

요즘에는 수많은 가정에 로봇이 있다. 로봇랜드에서 가장 발달한 주민은 주방 로봇처럼 미리 정해진 대로 행동할 뿐만 아니라, 스스로 결정을 내리기도 한다. 이런 로봇은 인간의 감각기관과 비슷한 센서를 통해 주변 환경에서 정보를 얻는다. 인간의 눈과 귀를 흉내 내는 키메라나 마이크로폰 외에도 때때로 레이더나 GPS까지 장착하기 때문에 슈퍼히어로처럼 보이기도 한다. 어떤 로봇은 모델이나 프로그래밍에 따라 빛과 소리, 거리, 중력, 압력, 온도, 습도, 속도, 위치, 자성 따위를 측정한다.

인간이 외부에서 받아들인 정보를 뇌에서 처리하듯이, 로봇은 외부 정보를 모두 컴퓨터로 처리한다. 로봇이 이렇게 정보를 처리하려면 제어 아키텍처(컴퓨터의 하드웨어와 소프트웨어 시스템 구성-옮긴이), 즉 다양한 컴퓨터 프로그램이 필요하다.

원칙상, 로봇이 수행하는 모든 작업을 프로그래밍하는 존재는 우리 인간이다. 하지만 (로봇 자체와 로봇 환경, 로봇이 해결해야 하는 문제를 모두 포함해서) 가능한 변수를 모조리 설계하려면 할 일이 지나치게 늘어난다. 따라서 로봇이 스스로 프로그래밍하는 것, 즉 스스로 학습하는 것이 이상적이다. 바로 그래서 인공지능AI(Artificial Intelligence)이 등장했다. AI는 추론과 학습, 자동 수정을 통해 인간의 지능을 모방한다.

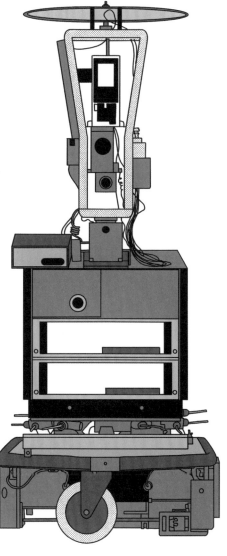

셰이키Shakey
6 **F8**
1966년 * 스탠퍼드 연구소 * 미국

셰이키는 세계 최초의 지능형 모바일 로봇이다. 주변 환경을 자율적으로 지각하고, 이동 경로를 만들어서 움직이는 첫 번째 로봇이기 때문이다. 다시 말해 셰이키는 자기 행동을 분석하고 생각한다. 이 로봇이 탄생한 1966년만 해도 이런 일은 공상과학 소설에서나 가능했다. 아울러 셰이키는 인공지능의 선구자이기도 하다.

제노Zeno
1 **J10**
2007년 * 핸슨 로보틱스 * 중국

제노는 애니메이션 시리즈에 등장하는 꼬마처럼 생겼다. 이 로봇에는 AI가 탑재되어 있어 우리와 이야기를 주고받을 수 있다. 게다가 춤도 추고, 농담도 하고, 책도 읽고, 여러 언어를 말하기도 한다. 심지어 인간 피부와 아주 비슷한 '고무 피부' 덕분에 표정도 풍부하게 지을 수 있다(이 피부는 '프러버frubber'라는 소재로 만든다).

인공 신경망과 같은 AI 시스템은 인간의 뇌 기능을 모방하는 프로그램이다. 로봇은 마주할 가능성이 있는 문제를 제시받으면, 각 상황에서 가장 적절한 반응을 내놓는 방식으로 훈련받는다. 아울러 자신의 행동을 스스로 평가하고 새로운 것을 학습하는 방법도 제공받는다. 따라서 로봇이 새로운 문제에 직면하면 먼저 메모리를 분석하고 이미 잘 아는 해결책을 적용해 본다. 만약 맞닥뜨린 문제가 메모리에 있는 내용과 일치하고 기존의 해결책이 적절하면, 그 해결책을 그대로 활용한다. 그렇지 않으면, 메모리 내용과 가장 비슷한 예시부터 시작해서 해결책을 바꿔 나가며 더 잘 작동할 새로운 해결책을 시험한다. 더불어 다음에 활용하기 위해 새 정보를 저장한다. 로봇은 이런 식으로 경험하며 스스로 학습한다.

이 아키텍처 덕분에 로봇은 센서로 감지한 정보를 바탕으로 결정하고 행동한다. 다만 기계 설계가 허용하는 범위 안에서 프로그래밍한 작업만 수행한다. 프로그래밍한 명령은 알고리즘으로 구성된다.

오락거리
로봇랜드에서 여가를 즐기는 방법

극장

로봇랜드에는 카렐 차페크의 그 유명한 《R.U.R.: 로숨의 유니버설 로봇》처럼 로봇 캐릭터가 등장하는 연극(8쪽) 말고도 오토마톤 극장이 있다. 가장 유명한 오토마톤 극장은 알렉산드리아의 헤론이 만든 소형 작품으로, '고대 그리스의 영화관'으로도 잘 알려져 있다. 이 극장은 밧줄을 잡아당기면 자동으로 연극을 보여 주는 기계 메커니즘이 작동한다. 문이 열리면 고정된 이미지와 일부 움직이는 장치가 등장해서 연극 장면을 보여 준다. 그 장면이 끝나면 문이 닫히고, 다음 장면을 위해 다시 문이 열리면 무대 장치가 바뀌어 있다. 음향 효과도 아주 영리하게 쓰인다.

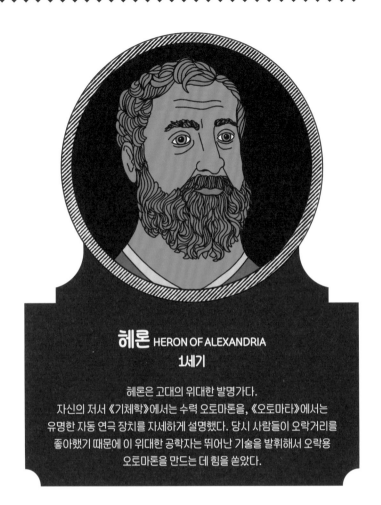

헤론 HERON OF ALEXANDRIA
1세기

헤론은 고대의 위대한 발명가다. 자신의 저서 《기체학》에서는 수력 오토마톤을, 《오토마타》에서는 유명한 자동 연극 장치를 자세하게 설명했다. 당시 사람들이 오락거리를 좋아했기 때문에 이 위대한 공학자는 뛰어난 기술을 발휘해서 오락용 오토마톤을 만드는 데 힘을 쏟았다.

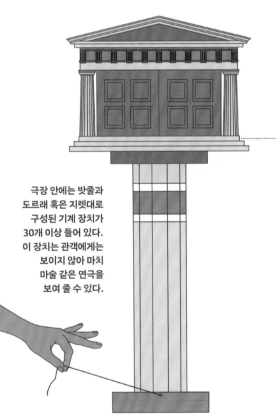

극장 안에는 밧줄과 도르래 혹은 지렛대로 구성된 기계 장치가 30개 이상 들어 있다. 이 장치는 관객에게는 보이지 않아 마치 마술 같은 연극을 보여 줄 수 있다.

오토마톤 극장
`1` `12` `E8` 1세기 * 헤론 * 로마제국이 이집트 속주 알렉산드리아

헤론의 소형 오토마톤 극장 가운데 하나는 고대 그리스의 영웅 나우플리오스의 삶을 다룬 비극을 5막으로 상연했다. 나우플리오스는 아들 팔라메데스가 트로이 전쟁에서 목숨을 잃자 복수에 나선다.

1막
그리스 뱃사람들이 바다로 나가기 전에 배를 수리한다. 사람 이미지들이 움직이며 망치질하고 톱질한다.

2막
그리스인들이 배를 바다에 띄운다. 기나긴 트로이 전쟁을 마치고 고향으로 돌아가려는 참이다.

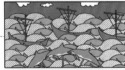

3막
무대에 바다가 먼저 나타나고 뒤이어 배들이 나타난다. 돌고래들이 물 밖으로 뛰어올랐다가 다시 물속으로 들어간다. 폭풍이 몰아치고 배들이 가라앉는다.

4막
아테나 여신이 등장한다. 그 옆에 나우플리오스가 횃불을 들고 서 있다. 둘은 그리스 함대가 횃불을 보고 다가오다가 암초에 부딪히도록 음모를 꾸민다.

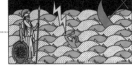

5막
배들이 암초에 부딪혀 부서지거나 뒤집힌다. 민첩함과 창던지기로 유명한 영웅이자 로크리스의 왕인 소소아이아스가 헤엄치는 모습이 보인다. 아테나 여신이 나타나고, 번개가 아이아스 위로 떨어진다. 아이아스가 바닷속으로 사라진다.

영화

로봇이 등장하는 영화의 세계는 고도로 발달했다. 로봇랜드 구석구석에는 영화관이 많다. 시간이 별로 없다면, 커다란 스크린에 최초로 로봇 '마리아'가 등장했던 고전 무성 영화 〈메트로폴리스〉를 추천한다.

마리아Maria
◯ 1 E1 1927년 * 프리츠 랑 * 독일

기술이나 사회 공헌으로 널리 알려진 로봇도 많지만, 유명한 로봇을 가장 많이 배출한 분야는 의심의 여지 없이 '제7의 예술'(이탈리아 예술 평론가 리치오토 카누도가 1911년에 영화를 연극과 회화, 무용, 건축, 문학, 음악에 이은 제7의 예술로 선언했다-옮긴이)이다. 물론 스크린 밖에서 이 유명한 로봇들을 만나기란 어렵다. 혹시 운이 좋아서 그들과 마주친다면, 주저하지 말고 사인을 요청하고 함께 사진을 찍어 보라. 로봇랜드 여행을 마치고 돌아가면 친구들이 부러워할 것이다.

2003년, 미국 펜실베이니아주 피츠버그에 있는 카네기멜론대학교는 **로봇 명예의 전당**을 만들어서 실제 로봇이든 허구 속 캐릭터든 가장 뛰어난 로봇을 기념했다. 이 대학이 몇 년 동안 진행했던 투표는 '로봇랜드의 오스카상'이라고 할 수 있다.

월-E. 이브EVE
◯ 6 8 F5 D5
2008년 * 디즈니, 픽사 * 미국

앤드루 스탠턴Andrew Stanton이 각본을 쓰고 연출한 애니메이션 영화 〈월-E〉 속 로봇 월-E는 인간이 떠나 버린 미래의 지구에서 쓰레기를 치우며 살아간다. 그러던 어느 날, 인류가 돌아올 수 있는 생명의 흔적이 지구에 남아 있는지 조사하기 위해 탐사 로봇 이브가 지구에 파견된다. 월-E는 이브와 사랑에 빠진다.

터미네이터 T-800
◯ 1 4 A5
1984년 * 제임스 캐머런 * 미국

T-800, 혹은 터미네이터는 기계의 지배에 맞선 인간 레지스탕스를 말살할 목적으로 컴퓨터 스카이넷이 제작하고 프로그래밍한 무기다. 이 안드로이드는 인간처럼 보이기 위해 티타늄과 텅스텐으로 만든 내골격을 생체 조직으로 덮고 있다. 〈터미네이터〉 시리즈에서 터미네이터 역을 맡은 배우 아널드 슈워제네거는 폭발적 인기를 끌었다.

할 9000HAL 9000
◯ 6 C2
1968년 * 아서 C. 클라크, 스탠리 큐브릭 * 미국

거의 인간처럼 생각하는 슈퍼컴퓨터. 할 9000은 영화 〈2001: 스페이스 오디세이〉에서 우주선 디스커버리호의 전체 시스템을 총괄 운영한다. 임무를 수행하는 데 필요하다면 끔찍한 일조차 서슴지 않는다. 아서 C. 클라크의 소설과, 이 작품을 바탕으로 한 스탠리 큐브릭의 영화는 서로 영향을 주고받으며 나란히 창작되었다.

C-3PO. R2-D2
◯ 6 1 J7 E6
1977년 * 조지 루카스 * 미국

〈스타워즈〉 시리즈 속 등장인물 아나킨 스카이워커가 만든 C-3PO는 700만 종의 언어를 이해할 수 있는 '외교 드로이드'(영화에서 서로 다른 종족이 만날 때 통역해 주거나 예절을 알려 주는 드로이드-옮긴이)다. 따라서 C-3PO와 함께 있다면 우주 어디에서 왔는지, 서로 말이 통하는지 아닌지는 신경 쓰지 않아도 된다. C-3PO의 친구 R2-D2는 영화 속에서 비인간형 드로이드 전문 기업인 인더스트리얼 오토마톤이 나부 왕실의 함선을 수리하기 위해 설계한 로봇이다.

음악

로봇랜드에는 피리와 피아노, 바이올린 등 악기를 연주하는 음악가가 넘쳐난다. 연주하는 악곡의 목록이 제한된 음악가도 있지만, 순회 공연을 다니는 밴드도 있다. 이곳의 나팔 연주자들은 다양한 스타일을 자랑한다. 악기 제조사 카우프만Kaufmann에서 만든 나팔 연주자는 스페인 병사 복장을 하고 있다. 폐 부분에 있는 가죽 풀무 덕분에 금관에서 멜로디가 흘러나와 청중을 유혹한다. 그 곁에 있는 도요타 파트너 로봇은 카우프만의 나팔 연주자보다 더 정교하지만, 미학적으로는 훨씬 냉정해 보인다. 파트너는 관절이 있는 손가락을 움직여서 공기압 시스템을 통해 소리를 낸다. 여러분이 음악 순수 애호가라면 아마 파트너를 더 좋아할 것이다.

도요타 파트너 로봇
Toyota Partner
Robots

1 **9** **J5**

2006년 *
도요타 *
일본

카우프만의 나팔 연주자

1 **9** **15**

1810년 *
프리드리히 카우프만 *
독일

밤 문화

로봇랜드 클럽의 최고 스타는 바로 유미다. 인간과 나란히 일하도록 설계된 이 협동 로봇은 예술적인 취미도 즐긴다. 낮에는 산업용 부품을 매우 정밀하게 조립하는 유미는, 밤이 되면 로봇랜드의 유명 DJ로 변신한다. 이뿐 아니라 오케스트라의 지휘자로서도 첫걸음을 뗐다.

유미YuMi

1 **6** **9** **F7**

2015년 * ABB * 스위스

먹을거리와 마실 것들
로봇랜드에서 에너지를 충전하는 법

미식이나 와인은 로봇랜드를 대표하는 특징이 아니다. 하지만 레스토랑에서 로봇과 인간의 협업은 로봇랜드의 주요한 특징이다. '코봇cobot'(협동 로봇)은 인간과 함께 일하도록 설계된 로봇인데, 대표적으로 일본의 도시락 공장에서 도시락 싸는 작업을 맡은 푸드리가 있다. 혹시 시간이 된다면 꼭 네로의 회전 식당(46쪽)에서 식사하길 바란다.

로봇랜드의 와인은 고대 그리스의 와인처럼 굉장히 진하니 물을 타서 마셔야 한다. 와인을 마셔 보고 싶다면, 어느 레스토랑에나 있는 '웨이터'의 왼손에 와인 잔을 올려 두면 된다. 그러면 잔의 무게 때문에 웨이터의 팔이 아래로 내려갈 것이고, 이와 함께 놀라운 기계 장치가 작동하기 시작한다.

필로
PHILO OF BYZANTIUM
기원전 3세기

고대 그리스의 공학자이자 발명가. 다양한 연구서를 썼고, 특히 역학과 기계를 주로 다루었다. 그는 잔교 (절벽과 절벽 사이에 높이 걸쳐 놓은 다리-옮긴이)와 최초의 물레방아뿐만 아니라 자동으로 화살을 날리는 석궁 등 수많은 전쟁 무기를 발명한 것으로 알려졌다. 이분만 아니라 일상에서 쓸 수 있게 잉크가 흘러내리지 않는 잉크병과 항상 불이 밝혀져 있는 자동 제어 램프도 만들었다. 물론, 목마른 손님에게 맛 좋은 와인을 대접할 유명한 시녀 오토마톤도 만들었다.

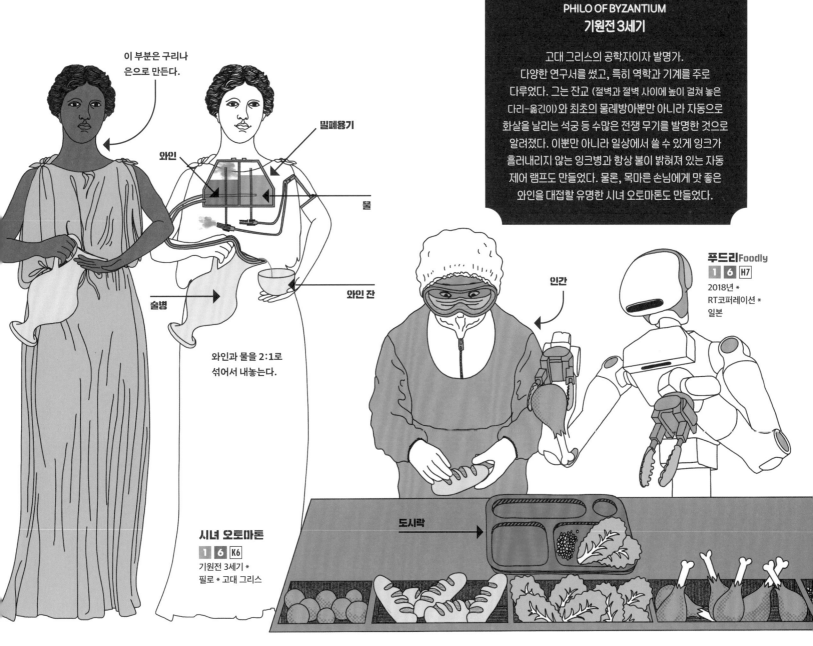

이 부분은 구리나 은으로 만든다.

밀폐용기

와인

물

술병

와인 잔

와인과 물을 2:1로 섞어서 내놓는다.

인간

시녀 오토마톤
1 6 K6
기원전 3세기 *
필로 * 고대 그리스

푸드리Foodly
1 6 H7
2018년 *
RT코퍼레이션 *
일본

도시락

정치
로봇랜드의 법률

로봇랜드 주민의 창조자는 인간이다. 인간은 로봇이 자신의 명령에 순종하도록 프로그래밍하여, 작업을 수행하게 한다. 인간은 로봇랜드에서 살지 않지만, 이 땅의 최고 통치자다. 이는 논쟁의 여지가 없다. 로봇랜드는 민주주의 국가가 아니다.

로봇은 양심과 감정, 영혼이 없으므로 상황을 인식하지 못한다. 게다가 다른 삶의 방식은 조금도 고려하지 않은 채 지시받은 작업을 수행한다. 로봇은 인간을 섬기면서 '행복'해 한다고 말할 수 있을 것이다.

하지만 공상과학 소설 때문에 인간은 로봇의 반란 가능성을 항상 염두에 두어야 한다. 한동안은 아이작 아시모프가 단편집 《아이, 로봇》에서 제안한 로봇 3원칙이 근본적 문제를 해결한 것처럼 보였다. 이 원칙은 로봇 프로그램에서 '표준 규범'이므로 원칙을 어긴 로봇은 저절로 파괴된다. 하지만 로봇 3원칙은, 기술 발전상의 특정 시대에 탄생한 허구 속에서만 존재할 뿐이다. 과학기술이 발전하고 로봇이 경험을 통해 학습하며 진화하기 때문에, 실생활에서는 로봇 3원칙이 작동하지 않는다.

아이작 아시모프 ISAAC ASIMOV
1920~1992

소비에트 러시아에서 태어났지만, 세 살 때 가족과 함께 미국으로 이주했다. 가족이 꾸려나가던 가게에서 공상과학 잡지를 팔았는데, 꼬마 아이작은 이런 잡지에 푹 빠져 지냈다. 그는 마침내 공상과학 소설가로 전 세계에 이름을 알렸고, 광범위한 분야에서 수많은 작품을 썼다. 《아이, 로봇》 같은 작품으로 로봇의 세계에서 명예의 전당에 자리를 차지하고 있다.

로봇 3원칙
아이작 아시모프

I.
로봇은 인간에게 해를 가하거나, 지시를 무시함으로써 인간이 해를 입게 두어서도 안 된다.

II.
제1원칙에 어긋나지 않는 한, 로봇은 인간의 명령을 따라야 한다.

III.
제1원칙과 제11원칙에 어긋나지 않는 한, 로봇은 자기 자신을 지켜야 한다.

0원칙.
1985년, 아시모프는 모든 원칙보다 상위에 있는 0원칙을 더했다. 내용은 다음과 같다. 로봇은 인류에게 해를 가하거나, 행동을 하지 않음으로써 인류에게 해가 가도록 해서는 안 된다.

만약 로봇이 인간 세상을 통치하고 싶어 한다면 어떨까? 마쓰다 미치히토라는 AI는 최초로 도쿄도 다마시 시장 선거에 출마해서 더 공정한 정책을 약속했다.(사람만 피선거권이 있기 때문에 동명의 남성이 출마했지만, 그는 당선되면 AI에 모든 결정을 위임하겠다고 밝혔다-옮긴이) 여러분이라면 AI에게 투표하겠는가? 선거 결과, 마쓰다 미치히토는 3위였다!

마쓰다 미치히토 Matsuda Michihito
1 A7
2018년 * 마쓰다 테쓰조, 무라카미 노리오 * 일본

종교
로봇랜드에서 신을 섬기는 법

로봇랜드 방문객은, 일부 주민의 기능과 작업을 보고는 초자연적인 힘을 갖고 있다고 생각하여 두려움과 놀라움, 존경심을 느끼곤 한다. 따라서 이런 주민은 종교적 목적에 대단히 유용하게 활용할 수 있다.

기원전 20세기 고대 이집트에서는 종교의식에 사용하는 마스크를 만들었다. 관절이 있어 움직일 수 있는 이런 마스크는 오토마톤의 원형으로 볼 수 있다. 아래에 나오는 아누비스(이집트 신화 속 죽은 이의 신으로, 죽은 사람을 저승으로 인도하고 심장을 저울에 달아서 생전의 행실을 판단한다) 마스크처럼 이 '말하는 조각상'은 턱을 움직여서 마치 신이 말하는 것처럼 꾸며낸다.

신전의 입구에서는 역사 최초로 기록된 자동판매기를 찾아볼 수 있다. 알렉산드리아의 천재 헤론이 만든 작품이다. 이 자판기에서 성수를 얻으려면 당연히 동전을 넣어야 한다!

종교적 소명을 품은 로봇도 아주 많다. 마인다라는 로봇 승려는 부처의 가르침을 간단하게 설명할 줄 안다. 가톨릭이나 개신교를 따르는 로봇도 있다. 망설이지 말고 이 영적인 스승들에게 종교적 조언을 구해 보자.

성수 자판기
`5` `11` `C8`
1세기 * 헤론 * 로마제국의 이집트 속주 알렉산드리아

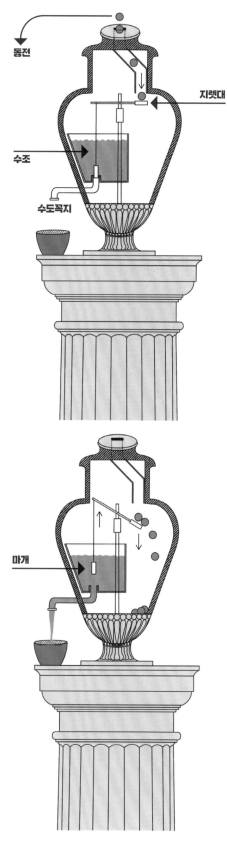

동전

지렛대

수조

수도꼭지

마개

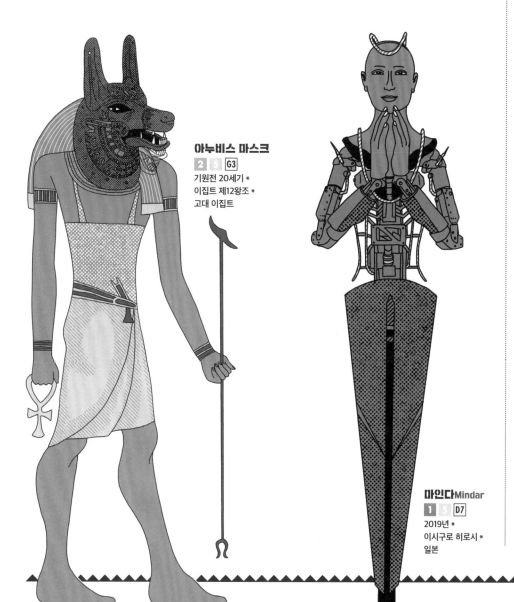

아누비스 마스크
`2` `5` `G3`
기원전 20세기 *
이집트 제12왕조 *
고대 이집트

마인다Mindar
`1` `5` `D7`
2019년 *
이시구로 히로시 *
일본

식물

로봇랜드의 식물들

로봇랜드에서는 식물군이 별로 발달하지 않았다. 솔직히 말해서 식물을 모방하는 일은 별로 재미없다. 그래도 스스로 꽃을 피우고 열매를 맺는 오렌지 나무 오토마톤은 꼭 구경해 보길 권한다. 마술사 우댕이 '환상적인 오렌지 나무'로 멋들어진 쇼를 보여 준다.

장 외젠 로베르 우댕
JEAN-EUGÈNE ROBERT-HOUDIN
1805~1871

프랑스의 시계 제작자이자 오토마톤 제작자. '현대 마술의 아버지' 이기도 하다. 당시 마술사들이 축제에서 수다 떠는 사기꾼이었을 때, 로베르 우댕은 턱시도를 차려입고 마술쇼에 우아하게 나타났다. 그는 나폴레옹 3세가 알제리 식민지에서 일어난 봉기를 진압할 때 함께 일한 적도 있다. 이 마술사는 교묘한 트릭을 선보이며 반란군을 공포로 몰아넣었다. 훗날의 위대한 마술사 해리 후디니Harry Houdini는 이 마술사에게 경의를 표하며 예명을 지었다.

식물을 돌보는 정원용 로봇을 실제로 보면 깜짝 놀랄 것이다. 대표적으로 자동으로 잔디를 깎는 로봇이 있다. 21세기에 들어서는 이런 로봇을 만드는 제조사가 여럿 생겨났다. 잔디깎이 로봇은 정원이 딸린 주택에서 쓸 만한 가전제품이다. 로봇은 작업해야 할 구역이 정해지면 가장 효율적인 작업 경로를 완벽하게 계산해 낸다. 게다가 장애물을 피해 돌아갈 수도 있다. 로봇이 깎은 잔디는 땅에 흩어져 비료로 사용한다. 갓 깎인 잔디밭은 부드러운 양탄자처럼 빛난다.

환상적인 오렌지 나무 Marvelous Orange TreeMatsuda
12 F10 19세기 * 장 외젠 로베르 우댕 * 프랑스

솔라 모워 Solar Mower
6 F8 1995년 * 허스크바나 * 스웨덴

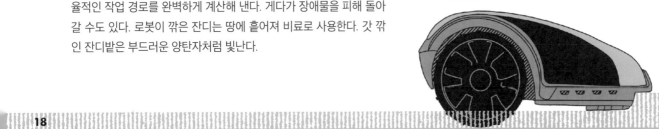

이런 기계는 대체로 모바일 앱으로 관리한다.

동물
로봇랜드의 동물들

인간은 고대부터 자연의 동물을 관찰했고, 동물의 움직임을 모방하려 시도했다. 로봇랜드에는 로봇 포유류와 파충류, 곤충, 물고기, 새들이 자유롭게 돌아다닌다. 이 로봇 동물들과 함께 하늘을 나는 꿈이나, 조금 더 평범한 바람-사람이 혼자서는 갈 수 없는 장소에 가보는 일 등-을 좇다 보면 로봇랜드 여행은 진정한 사파리 투어가 될 것이다.

아르키타스의 비둘기는 인류 역사상 최초의 비행 장치다. 이 장치의 메커니즘에 관해서는 알려진 바가 별로 없지만, 고대 그리스의 기술 전문가이자 발명가 코스타스 코트사나스Kostas Kotsanas의 가설을 재현했다. 속이 텅 빈 나무 비둘기에는 밀폐 보일러가 달려 있다. 보일러 안에서 온도가 올라가며 증기가 발생하는데, 내부의 증기 압력이 연결 부분의 기계적 저항보다 더 커지면 비둘기가 날아오른다.

아르키타스의 비둘기

2 **F1**
기원전 4세기 *
아르키타스 *
마그나 그라에키아
(이탈리아 남부에 있던 고대 그리스의 식민지-옮긴이)

아르키타스
ARCHYTAS OF TARENTUM
기원전 4세기

플라톤과 같은 시대를 살았던 그리스의 철학자이자 수학자, 천문학자, 정치가, 군인. 아르키타스는 도르래와 나사, 방울, 딸랑이를 발명한 것으로 알려져 있다. 로봇랜드에서 아르키타스는 새처럼 날개 달린 기계 장치를 창조한 업적으로 크게 인정받는다. 그는 이론보다 실용적 기술로 고대 그리스 과학 지식에 이바지했다.

진짜 캥거루처럼 달리고 뛰어오르는 로봇 캥거루도 있다. 대담한 방문객이라면, 팔찌를 구매해서 자신만의 바이오닉캥거루를 만나 보라. 팔찌를 착용하고 팔을 움직이면 블루투스 신호가 전자 캥거루의 제어 장치로 전송된다. 그러면 캥거루와 새로운 친구가 되어 상호작용할 수 있을 것이다.

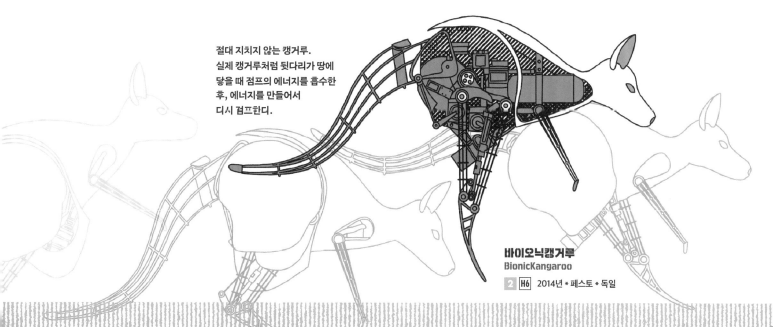

절대 지치지 않는 캥거루. 실제 캥거루처럼 뒷다리가 땅에 닿을 때 점프의 에너지를 흡수한 후, 에너지를 만들어서 다시 점프한다.

바이오닉캥거루
BionicKangaroo

2 **H6** 2014년 * 페스토 * 독일

위생과 건강
로봇랜드의 청소와 위생 서비스

로봇랜드에 질병이란 없다. 이 땅의 주민들은 질병과 죽음을 전혀 겪지 않는다. 하지만 방문객들이 쾌적하고 안전하게 여행을 즐길 수 있도록 위생에 철저히 신경 쓴다.

우선, 로봇랜드 청소를 맡은 진공청소기 로봇 군단이 있다. 이 로봇들은 장애물을 피해 다니지만, 그래도 이들과 부딪히지 않도록 주의하길 바란다. 무척 조용한 로봇이라서 잘못하면 부딪힐지도 모른다.

룸바Roomba
6 **B2**　2002년 * 아이로봇 * 미국

개인위생도 무시할 수 없다. 각 정류장에는 공작 세면 분수가 있어 누구나 손을 씻을 수 있다.

혹시 로봇랜드에 머무는 동안 응급상황이 발생하면, 병원에서 다빈치 시스템 로봇(69쪽)이 수술할 것이다.

'튀르크 흡연자'라고 불리는 레오폴 랑베르Leopold Lambert의 오토마톤을 제외하면 어느 누구도, 로봇랜드 어디에서도 담배를 피울 수 없다.

튀르크 흡연자
1 **12** **E8**
19세기 *
레오폴 랑베르 *
프랑스

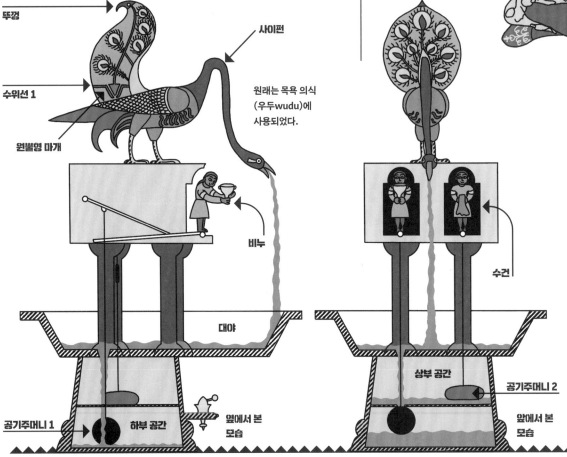

뚜껑

사이펀

수위선 1

원래는 목욕 의식 (우두wudu)에 사용되었다.

원뿔형 마개

비누

대야

공기주머니 1　하부 공간

옆에서 본 모습

수건

상부 공간

공기주머니 2

앞에서 본 모습

공작 세면 분수
1 **2** **6** **11** **G7**
13세기 * 이스마일 알 자자리 * 이슬람 제국

공작새는 구리로 만들었고, 속은 텅 비어 있다. 먼저 공작새 꼬리의 맨 위에 있는 뚜껑을 열고 수위선 1까지 물을 붓는다. 원뿔형 마개를 끼운 다음 다시 공작 꼬리 위쪽까지 물을 가득 채운다. 뚜껑을 열면, 목의 사이펀 덕분에 물이 공작 부리를 통해 대야로 떨어진다. 물이 대야에 뚫린 구멍을 통해 하부 공간으로 내려가면, 공기주머니 1이 떠오르며 자동 장치를 밀어 올리고 사용자에게 비누를 건넨다. 공기주머니 1이 구멍을 완전히 막아서 상부 공간에 물이 차기 시작하면 공기주머니 2가 떠오른다. 이 두 번째 공기주머니가 두 번째 자동 장치를 움직여서 손을 닦을 수건을 내놓는다.

안전
로봇랜드의 범죄와 보안

로봇랜드는 낮은 범죄율을 자랑한다. 범죄가 일어난다면, 대개 악한 마음을 품은 방문객이 저지른 일이다. 로봇의 절도 행각은 소설이나 영화에서나 볼 수 있다. 로봇랜드에서 일어나는 도둑질은 보통 인간이 벌인다. 여느 관광지에서처럼 일반 예방책을 따른다면 아무런 문제도 일어나지 않는다. 돈과 여권은 안전한 곳에 보관하고, 카메라나 기타 귀중품은 눈여겨 살펴보길 바란다.

로봇랜드에서는 SQ-2 같은 보안 로봇이 하루 24시간 내내 순찰하는 모습을 흔히 볼 수 있다. 이 로봇들의 충전 시간은 서로 동기화되어 있어서 근무 공백 없이 늘 교대로 순찰한다. 혹시 신체나 재산상의 위험·재난·위협에 맞닥뜨리게 된다면, 순찰 로봇에게 가라. 지정된 버튼을 누르면 보안 통제 센터로 긴급 전화를 걸 수 있다.

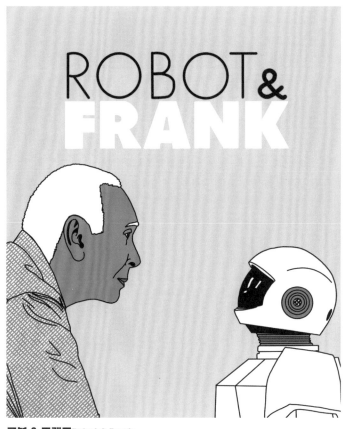

로봇 & 프랭크 Robot & Frank
◯ 1 6 17 2012년 * 제이크 슈레이어 * 미국

영화 〈로봇 앤 프랭크〉에서는 치매기가 보이는 왕년의 금고털이범 프랭크가 로봇에게 보살핌을 받는다. 프랭크는 로봇이 오락과 범죄를 구별하도록 프로그래밍 되어 있지 않다는 사실을 알아채고, 로봇이 범죄를 저지르도록 훈련하기 시작한다.

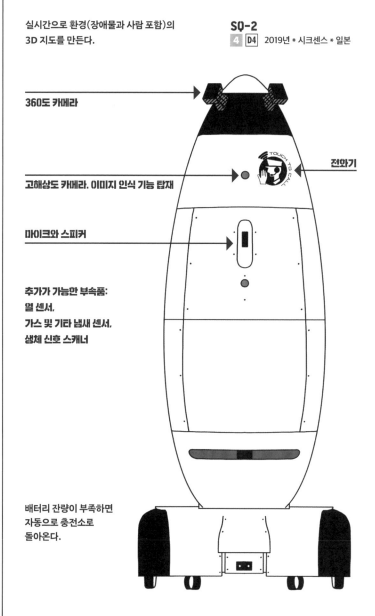

실시간으로 환경(장애물과 사람 포함)의 3D 지도를 만든다.

SQ-2
4 D4 2019년 * 시크센스 * 일본

360도 카메라

고해상도 카메라. 이미지 인식 기능 탑재

전화기

마이크와 스피커

추가가 가능한 부속품:
열 센서,
가스 및 기타 냄새 센서,
생체 신호 스캐너

배터리 잔량이 부족하면 자동으로 충전소로 돌아온다.

통화와 세금
로봇랜드에서 사용하는 돈

로봇랜드에서는 모든 유형의 통화와 여행자 수표를 사용할 수 있다. 하지만 로봇과 똑같은 경험을 원한다면, 돈을 탈로스 동전(48쪽)으로 교환하라. 이 동전에는 그리스 신화 속 오토마톤 탈로스가 새겨져 있다. 날개 달린 이 오토마톤은 헤파이스토스의 손에서 탄생했고, 미노스 문명기의 크레타섬을 수호한다. 더 현대적인 돈을 선호한다면, 산마리노공화국에서 1986년에 로봇 실루엣을 새겨서 주조한 5리라짜리 동전도 있다.

로봇랜드에서는 관광 세금을 피할 수 없다. 스파르타 왕 나비스Nabis의 부인 아페가Apega를 본떠서 만든 장치가 세금을 내라고 요구한다. 만약 거절한다면, 그다지 유쾌하지 않은 포옹으로 맞아 줄 것이다.

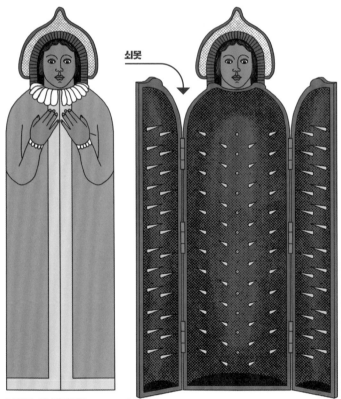

나비스의 아페가Apega of Nabis
1 6 K7 기원전 2세기 * 나비스 * 고대 그리스

비자
입국 절차와 필요조건

로봇랜드 방문 권한을 부여해 주는 비자가 있어야 로봇랜드에 입국할 수 있다. 어느 나라 사람이든지, 또한 어느 나라에서 로봇랜드 입국 절차를 밟든지 간에, 온라인으로 (공인 기관을 통해) 비자를 발급받고 서류를 작성해야 한다.

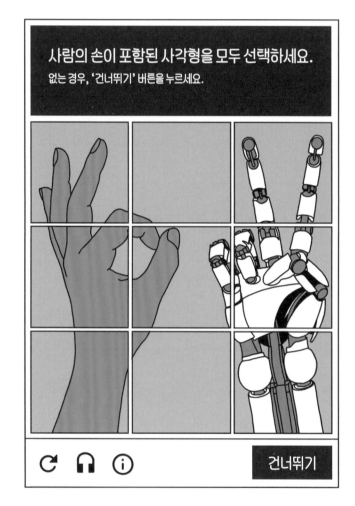

이제 로봇랜드의 문을 열기 전 마지막 확인 사항만 남았다. 아래의 상자를 체크하면 자동으로 관광 비자가 발급된다. 즐겁게 여행하길 바란다!

나는 로봇이 아닙니다.

1
호모

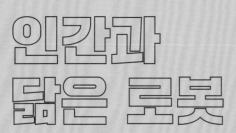

인간과 닮은 로봇

잘 모르는 대상을 모방하는 것보다 잘 아는 대상을 모방하는 편이 훨씬 쉽다. 인간보다 인간을 더 잘 아는 대상이 과연 있을까? 신성한 숨결로 생명 없는 물질에 생명을 불어넣는 신이 아니라면, 당연히 기술을 통해 인간과 닮은 인공 '후손'을 만들 수밖에 없다.

대신 시험을 쳐 주고, 불평 한마디 없이 숙제를 도와주고, 친구처럼 지내 주고, 함께 놀아 주는 복제품은, 누구나 한 번쯤은 갖기를 꿈꿔 봤을 것이다. 이런 공상을 한 건 여러분이 처음은 아니다. 이미 고대 중국에서 언사偃師라는 기술자가 사람을 닮은 로봇을 만들었다고 한다. 이 로봇은 주나라 목왕 앞에서 노래하고 춤을 추어 왕과 조정 신하들을 깜짝 놀라게 했다.

휴머노이드 로봇이라고 해도 사람과 닮은 정도는 저마다 다르다. 희한한 것이, 복제품이 인간과 지나치게 닮으면 거부감이 생긴다. 이런 현상을 가리켜 '불쾌한 골짜기uncanny valley'라고 한다. 그럼에도 일본의 이시구로 히로시石黑浩 같은 개발자는 불쾌한 골짜기에 개의치 않고 자신과 똑같이 생긴 쌍둥이 로봇 '제미노이드 HI-4Geminoid HI-4'를 만들었다. 그런데 이 쌍둥이를 만난다면, 정말로 불쾌할까?

일렉트로Elektro

`1` `E2` 1939년 * 웨스팅하우스 * 미국

1939년 뉴욕 세계박람회를 찾은 관람객은 일렉트로의 2m가 넘는 키를 보고 깊은 인상을 받았다. 엔지니어 조지프 바넷Joseph Barnett이 만든 이 휴머노이드는 말하기는 물론이고 빨간색과 초록색 구별하기, 풍선 불기, 팔 움직이기, 손가락으로 숫자 세기, 걷기, 담배를 피우며 콧구멍으로 연기 내뿜기까지 할 수 있다. 심지어 일렉트로는 스파코 Sparko라는 스코티시테리어종 반려견도 데리고 다닌다. 튼튼한 로봇견 스파코 역시 진짜 개처럼 뒷다리로 앉거나 뒹굴 수 있다. 로봇랜드에 가면, 일렉트로와 스파코가 환영받으며 로봇랜드 각지를 여행하거나 공상과학 영화를 촬영하는 모습을 볼 수 있다.

로비 더 로봇
Robby the Robot

◯ `1` `A5` 1956년 * 로버트 키노시타 * 미국

일렉트로와 달리 로비 안에는 사람이 들어가 있다. 바로 로봇을 연기하는 배우다. 가상의 캐릭터인 로비는 영화 〈금지된 행성〉(프레드 M. 윌콕스 감독, 1956년)에 처음 출연했다. 이후 수많은 영화와 텔레비전 프로그램에도 출연하며 공상과학 장르에 없어서는 안 될 존재가 되었다.

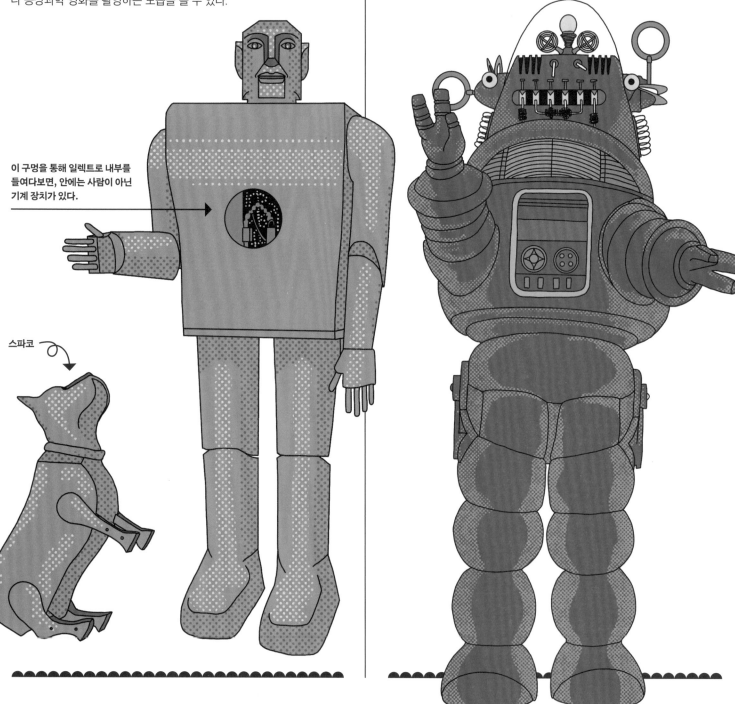

이 구멍을 통해 일렉트로 내부를 들여다보면, 안에는 사람이 아닌 기계 장치가 있다.

스파코

키즈멧Kismet

1 **J11** 1997년 * 매사추세츠공과대학교 * 미국

키즈멧이 그저 머리밖에 없는 로봇이라고 무시해서는 안 된다. 키즈멧은 감정을 인식할 뿐만 아니라 속눈썹과 눈썹, 입술, 입, 귀, 목을 움직여서 감정을 흉내 낼 수도 있다. 이 로봇은 아직 말하지 못하는 어린아이들과 소통한다. 키즈멧과 함께 소셜 로봇Social Robot(물리적으로 일하는 대신 사람과 대화하고 정서적으로 소통하는 로봇-옮긴이)이 탄생했고, 그 덕분에 로봇랜드 주민에게도 감성지수가 더해졌다.

신시아 브리질
CYNTHIA BREAZEAL
1967~

매사추세츠공과대학교의 과학자인 브리질은 어린 시절 〈스타워즈〉를 보고 인간과 상호작용하며 신뢰할 수 있는 개인용 로봇에 푹 빠져 로봇공학의 길로 뛰어들었다. 하지만 당시 로봇은 아직 사람과 상호작용할 준비가 되지 않았고, 오직 사물하고만 상호작용할 수 있었다. 이 때문에 키즈멧을 만들기 시작한 브리질은 소셜 로봇과 인간-로봇 상호작용의 선구자가 되었다.

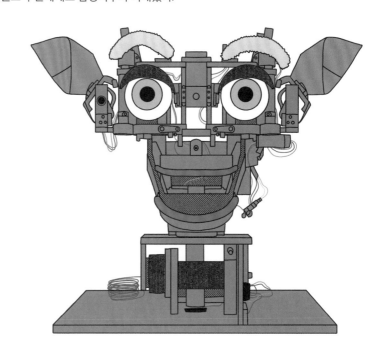

소피아Sophia

1 **E5** 2015년 * 핸슨 로보틱스 * 중국

소피아는 표정을 60가지 이상 보여 줄 수 있다.

소피아는 사우디아라비아 시민권을 얻었기 때문에 인간 세상을 자유롭게 여행할 수 있다. 하지만 몸의 각 부분이 따로따로 이동해야 한다. 머리는 첫 번째 여행 가방에, 몸통과 두 팔은 두 번째 여행 가방에, 다리는 세 번째 여행 가방에 넣는다. 소피아를 개발한 핸슨 로보틱스의 창립자 데이비드 핸슨 David Hanson은 인간보다 더 똑똑한 데다 창의성과 공감, 연민 같은 개념까지 배울 수 있는 로봇을 제작하겠다는 목표를 세웠다. 소피아는 이런 목표에 다가가려는 첫 작품이다. 이 휴머노이드 로봇은 인터뷰도 하고, 잡지 첫 페이지도 장식하고, 강연에서 AI와 로봇이 인간 삶의 기본적인 요소로 발돋움할 방법에 대해서도 이야기한다. 따라서 소피아는 인간 세상 속 로봇 외교관이라고 할 수 있다. 소피아는 인스타그램 계정도 있어 팔로우할 수 있다.

지남차

3세기 * 마균 * 중국

전설에 따르면 지남차에 얽힌 이야기는 기원전 26세기, 중국 신화의 중심인물인 황제黃帝 시대로 거슬러 올라간다. 황제는 대적 치우蚩尤와 맞붙은 전투에서 바로 이 수레 덕분에 승리를 거머쥐었다. 치우가 황제의 군사를 혼란스럽게 할 속셈으로 주문을 외워 짙은 안개를 피워 올렸을 때, 황제는 지남차로 방향을 파악하고 빠져나갔다.

하지만 이 장치에 대한 실제 기록은 3세기가 되어야 등장한다. 마균馬鈞이라는 삼국시대의 발명가가 이 기계 장치를 만들었다. 이 장치는 나침반도, GPS도 없이 항상 남쪽을 가리킨다!

이 수레 위 목제 인형에게는 우리에게 없는 능력이 있다.

'남쪽은 바로 저기!'

수레가 움직이는 방향은 중요하지 않다. 어디로 움직이든, 중요한 것은 이 인형이 가리키는 방향이다. 인형의 손가락은 늘 남쪽을 가리킨다.

수레 안에 있는 톱니바퀴 자동 장치로 작동한다.

바닥이 평평하지 않으면 정확성이 떨어진다. (만일을 위해 나침반을 챙기길….)

기사 오토마톤
Leonardo's Robot

이 복제품은 역사학자 카를로 페드레티Carlo Pedretti가 1950년에 발견한 다빈치의 메모를 바탕으로 해서 만들었다. 르네상스 시대 이탈리아 귀족들은 최고로 화려한 파티를 열어서 손님들에게 매혹적인 기계 장치를 과시하는 일로 경쟁했다고 한다. 밀라노를 통치한 루도비코 스포르자 공작이 천재 다빈치를 환영한 것도 바로 이 때문이었다. 장담하건대, 다빈치는 기발한 기계를 만드는 임무를 완벽하게 수행했을 것이다. 갑옷을 갖춰 입은 이 기사는 앉았다 일어서고, 팔을 움직이고, 소리를 낼 수 있다.

내부 메커니즘은 지렛대와 도르래, 톱니바퀴를 기반으로 해서 만들었다.

와카마루Wakamaru

1 **J10**

2003년 * 미쓰비시 중공업 * 일본

AI가 탑재된 이 멋진 노란색 로봇은 인간의 존재를 감지하면 1만 개쯤 되는 단어를 사용해 대화한다.

호텔 리셉션에 가면 노인과 함께 온 와카마루를 만날 수도 있다. 와카마루는 노인에게 약 먹을 시간을 알려 주거나 오후에 비가 올 테니 우산을 챙기라고 말해 준다. 게다가 인간 친구에게 문제가 생겼을 때, 주저하지 않고 사람들에게 도움을 청할 것이다.

아시모ASIMO

1 **E2**

2000년 * 혼다 * 일본

이 휴머노이드 로봇의 이름은 'Advanced Step in Innovative Mobility(혁신적 이동성의 진보)'의 줄임말이다. 자유롭게 움직이지 못하는 사람들을 돕기 위해 만들었지만, 집안일도 해내고 우리 삶을 편리하게 만들어 주기도 한다. 연구진이 20년 동안 개발한 끝에 아시모는 울퉁불퉁한 땅에서도 걷고, 계단을 오르내리고, 달리고, 한 발로 뛰고, 물건을 움켜잡는 등 자율적으로 움직인다. 주변 환경을 인식하는 능력이 뛰어나며, 동시에 말하는 세 사람의 얼굴과 목소리를 구별한다. 안타깝게도 이 로봇은 가격이 비싸서 구매할 수 있는 사람이 별로 없었고, 결국 은퇴했다. 그렇지만 아시모는 여러 분야에서 꾸준히 발전하는 로봇 기술의 토대를 세웠다.

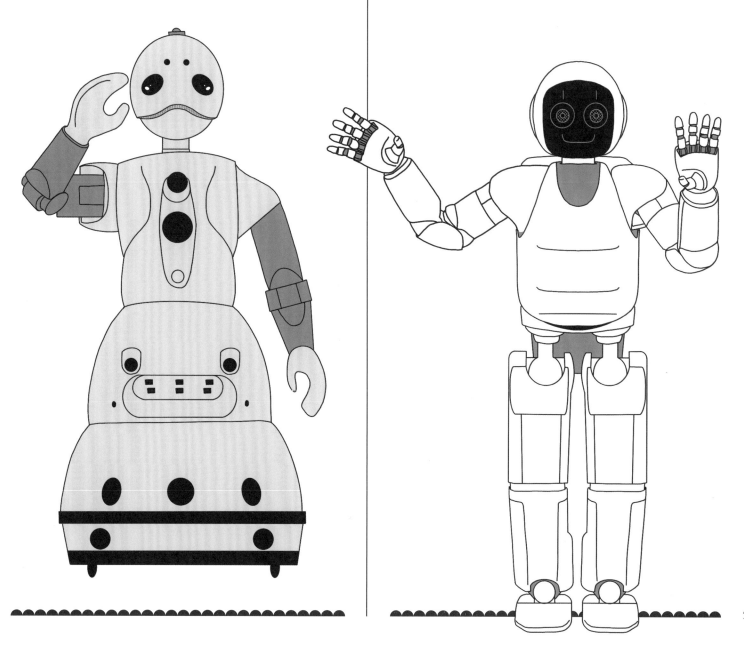

와카마루Wakamaru

아시모ASIMO

프랑신Francine

◯ 1 E4 1640년 * 르네 데카르트 * 네덜란드

프랑스의 철학자이자 수학자인 데카르트의 저서에는 오토마톤 이나 인공 생명체의 가능성에 관한 언급이 자주 등장한다. 그중 에는 읽고 나면 밤에 악몽을 꿀지도 모르는 이야기도 있다.

네덜란드 암스테르담에서 살던 시절, 데카르트는 가정부 헬레나 사이에서 딸을 하나 두었다. 그는 딸을 진심으로 사랑했지만, 사 생아를 낳았다는 추문을 피하고자 아이를 조카라고 소개했다. 하 지만 딸은 다섯 살 되던 해 성홍열을 앓고 비극적으로 세상을 떠 났다. 슬픔에 잠긴 데카르트는 딸과 몹시 닮은 오토마톤을 만들 었고, 어딜 가든 딸을 복제한 이 오토마톤 인형을 데리고 다녔다. 스웨덴의 크리스티나 여왕에게 초대받아 마지막 여행을 떠나던 길에도 이 인형을 데려갔다. 그런데 스웨덴으로 향하던 항해 도 중, 호기심 많은 선장이 데카르트의 선실에 몰래 들어가 궤짝을 열어 보았는데, 놀랍게도 궤짝 안에 누워 있던 프랑신 오토마톤 이 일어나 몇 마디를 내뱉었다. 겁에 질린 선장은 자동 인형이 악 마의 작품이라고 믿고 바닷속으로 던져 버렸다. 그러자 데카르트 도 홧김에 선장을 바다에 밀어 넣었다.

아르마-6ARMAR-6

1 6 K7 2017년 * 카를스루에공과대학교 고성능 휴머노이드 기술(H²T) * 독일

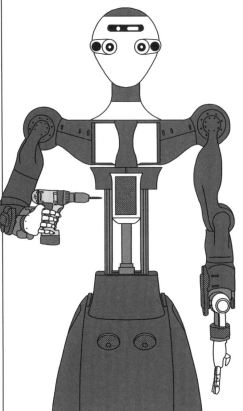

카를스루에공과대학교의 이 로봇 은 다양한 산업 환경에서 인간과 함께 일할 준비를 마쳤다. AI가 탑 재된 아르마-6은 동료 노동자와 똑같은 도구를 사용할 수 있다. 예 를 들어 드릴 작업에 도움이 필요 하면 이를 알아채고 도와준다. 어 느 공장에서든 '만능 재주꾼'이다.

PR-2

1 B6

2010년 * 윌로우개러지 * 미국

PR-2(여기서 'PR'은 'Per-sonal Robot'의 줄임말로, 개인용 로봇이라는 뜻이다-옮긴이)는 바퀴로 이동하며 음료수를 가져다주고, 옷을 개고, 당구를 친다. 그런데 이 로봇은 특별하게도 소스 프로그램이 공개되 어 있다. 어느 과학자든 PR-2의 소스 프로그램을 자 유롭게 조사하고 연구하고 개선해서 공유할 수 있 다! 윌로우개러지의 사장 스콧 하산Scott Hassan은 관련 기술을 통제하고 감독하는 것이 아니라 빠르게 개발하는 것이 목표라고 밝혔다.

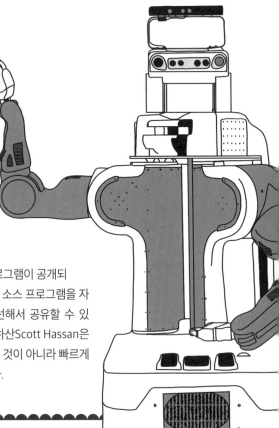

밴디트Bandit

1 **C6** 2006년 * USC 인터랙션 연구소, 블루스카이 로보틱스 * 미국

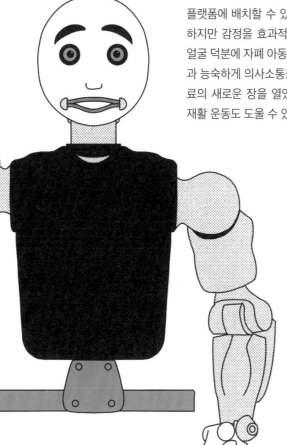

밴디트의 몸통은 용도에 따라 다양한 이동 플랫폼에 배치할 수 있다. 얼굴은 매우 단순하지만 감정을 효과적으로 잘 표현한다. 이 얼굴 덕분에 자폐 아동이나 알츠하이머 노인과 능숙하게 의사소통을 할 수 있어, 마음 치료의 새로운 장을 열었다. 더불어 밴디트는 재활 운동도 도울 수 있다.

마야 매터릭 MAJA MATARIĆ
1965~

서던캘리포니아대학교의 과학자인 매터릭은 저렴한 기술로 인간 삶의 질을 개선하겠다고 굳게 결심했다. 밴디트를 포함한 매터릭이 개발한 로봇은 특별한 도움이 필요한 사람들을 돕는다.

아이컵iCUB

1 **B7** 2004년 * 컨소시움, 이탈리아 기술원(IIT) * 이탈리아

이 휴머노이드 로봇은 몸집이 4살 꼬마만 해서 귀엽고 깜찍하다. 움직이는 단계가 53단계나 되는 덕분에 우리처럼 걷거나 기어 다닐 수 있다. 자그마한 손으로 물건을 살며시 잡거나 활을 쏠 수도 있다. 심지어 손과 발에 제트 엔진을 장착해서 날 수 있다는 연구 결과도 나왔다. 소스 프로그램이 공개되어 있어서, 다른 오픈 소스 로봇들처럼 사회적 인지와 AI 분야에 이바지하기도 한다.

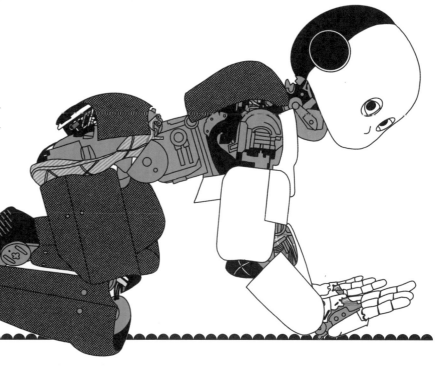

텔레노이드
Telenoid

1 **C8**

2010년 * 오사카대학교,
국제전기통신기초기술연구소(ATR) * 일본

조금 꺼림칙하게 느낄 수
도 있는 외모를 가진
텔레노이드는 화상 통화
하는 사람들의 움직임과 표
정, 목소리를 전송하는 텔레프레젠스
telepresence(참가자들이 실제로 한 공간
에 있는 것처럼 느끼는 가상 화상회의 시스
템-옮긴이) 로봇이다. 제미노이드 HI-4를
만든 이시구로 히로시 교수 작품으로, 텔
레노이드는 개발자와 똑같이 생기고 훨씬
더 비싼 제미노이드보다 더 단순하다.

에뮤3
Emiew 3

1 **F11**

2016년 * 히타치 * 일본

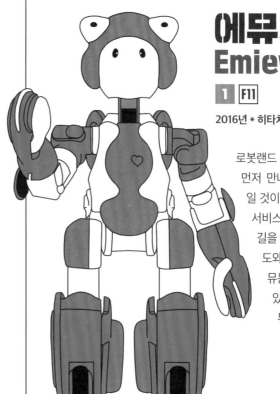

로봇랜드 공항이나 역에서 가장
먼저 만나는 얼굴이 바로 에뮤
일 것이다. 에뮤는 완벽한 고객
서비스를 해 주는 로봇이다.
길을 잃으면 에뮤가 나서서
도와주고 길을 안내한다(에
뮤는 여러 언어로 말할 수
있다). 망설이지 말고 에
뮤에게 기념품 가게에
대해 물어보라. 할머니
께 드릴 선물까지 추
천해 줄 것이다.

닐 하베슨
Neil Harbisson

1 **B8**　　2004년 * 닐 하비슨 * 영국

로봇랜드의 하이브리드 주민인 소위 '사이보그'는 논란이 분분한 존재다. 닐
하비슨은 정부로부터 로봇랜드 거주를 허가받은 최초의 인간이다. 이 예술
가는 색맹으로 태어나서 온통 흑백으로 보이는 세상을 살았다. 하지만
2004년에 빛의 파장을 소리 파장으로 바꿔 주는 안테나를 머리에 이식한
덕분에 이제는 다양한 색깔을 식별할 수 있다. 심지어 적외선과 자외선도 인
식하기 때문에 인간의 일반적인 색채 인식 능력을 뛰어넘는다. 게다가 안테
나에 인터넷이 연결되어 있어서 하비슨은 머리로 직접 전화를 받을 수 있다.
하비슨은 사람들이 사이보그가 되는 것을 돕고자 '사이보그 재단'을 공동 설
립했다.

사이보그: 신체 기관에 그 기관과 같은 기능을 조절하고 제어하는 기계 장치를
결합해서 신체 상태를 개선한 생명체.

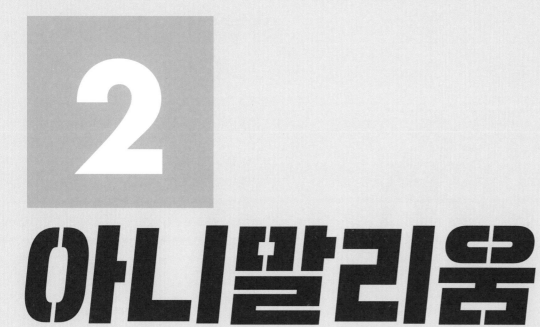

2 아니말리움

로봇
동물들

아니말리움은 로봇랜드에서 가장 붐비는 노선이다. 인간은 동물을 관찰하고 기능을 탐구하면서 영감을 얻는다. 일부 동물이 어떻게 움직이는지 연구하면, 환경에 잘 적응하고 더 민첩하게 움직이는 로봇을 만들 수 있다. 자연에서 살아가는 동물과 마찬가지로, 로봇 역시 환경에 잘 적응해야 생존 가능성도 더 커진다.

로봇 동물은 모든 범위의 동물을 포괄한다. 이곳에서는 땅을 기어 다니고, 걸어 다니고, 물속을 헤엄치고, 하늘을 날아다니는 동물들을 모두 만날 것이다. 아르키타스의 비둘기가 처음으로 날아오르던 순간의 감정을 다시 느낄 수도 있고, 《천일야화》 속 흑단으로 만든 말을 타고 돌아다니며 마법 같은 시간을 즐길 수도 있고, 독에 쏘일 위험 없이 해파리와 함께 바닷속을 떠다닐 수도 있다.

혹시 집에서 반려동물을 키울 수 없다면, 로봇랜드에서 새로운 기회를 찾아보아도 좋다. 로보펫, 즉 반려 로봇은 알레르기 반응을 일으키지 않으며, 동물병원에 데려갈 필요도 없다. 가족 모두가 좋아할 것이다.

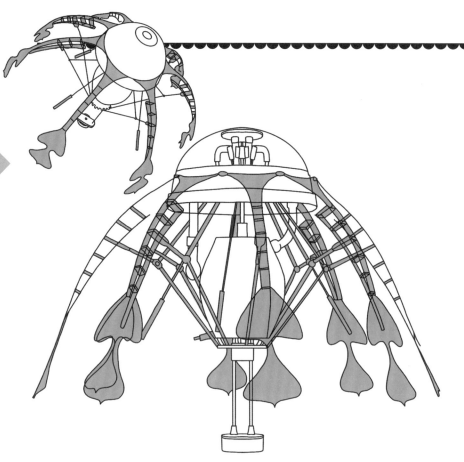

아쿠아젤리AquaJelly

2 **8** **G5** 2008년 * 페스토 * 독일

이 로봇 해파리는 전기 추진력으로 제어하는 촉수 덕분에 진짜 바닷속 해파리처럼 헤엄친다. 하지만 실제 해파리처럼 쏘지는 않는다. 센서가 있어서 온도와 배터리 상태, 위치나 방향, 다른 아쿠아젤리와의 거리를 측정한다. 이를 바탕으로 동료 아쿠아젤리와 충돌 사고를 일으키거나 배터리 방전으로 익사하지 않고 무엇을 할지 스스로 결정할 수 있다. 이 개별적인 자율 행동 덕분에 아쿠아젤리가 집단으로 움직이면 진짜 해파리 떼처럼 매혹적으로 보인다. 더불어 이 모든 데이터가 모바일 애플리케이션에 실시간으로 전송된다. 이 기술은 우리가 접근하지 못하는 물속에서 데이터를 측정하고 수집하는 데 매우 유용하다. 다만 어느 덤벙대는 멍청한 상어가 아쿠아젤리를 잡아먹었을 때 과연 소화가 잘될지는 의문이다.

실러캔스Coelacanth

2 **J6** 1999년 * 미쓰비시 중공업 * 일본

이 로봇 실러캔스는 아쿠아리움과 놀이공원을 겨냥한 미쓰비시 애니메트로닉스Mitsubishi Animatronics 시리즈의 첫 번째 작품이다. 2001년, 일본의 아쿠아톰 과학관에서 처음으로 공개되었다. 실러캔스가 수조 안에서 헤엄치는 모습을 보고 싶다면 버튼을 눌러야 한다.

파로Paro

2 **G12** 2001년 * 인텔리전트 시스템 컴퍼니 * 일본

파로는 새끼 물범이다. 정말로 새끼 물범처럼 행동하지만, 치료 로봇이기도 해서 인간의 다정한 손길에 반응하며 요양원에서 동물 치료에 사용한다. 파로가 있다면 살아 있는 동물을 돌볼 필요가 없다. 더욱이 파로는 각 환자에 알맞게 반응을 기억하고 긍정적인 행동 패턴을 반복하도록 프로그래밍되어 있다. 혹시 파로를 집으로 데려가고 싶다면 지갑을 준비하시길.

배트봇Bat Bot

2 **8** **F5** 2017년 * 일리노이대학교, 캘리포니아공과대학교 * 미국

이 로봇 박쥐는 실리콘 막으로 덮인 날개에 관절이 있어서 진짜 박쥐처럼 직선으로 날고, 활공하고, 선회하고, 비행 방향을 빠르게 바꿀 수 있다. 그 덕분에 재난 지역이나 건설 현장 등 위험한 환경에서 날아다니며 상황을 주의 깊게 살필 수 있다.

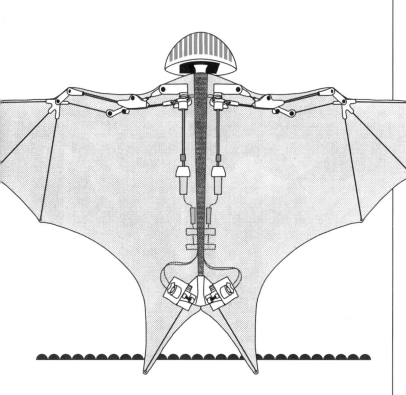

이모션버터플라이즈
eMotion-Butterflies

2 **G9** 2015년 * 페스토 * 독일

이 우아한 나비들은 서로 부딪히지 않고 날아다닌다. 항공 교통 관제시 같은 컴퓨터가 여기저기에 배치된 적외선 카메라로부터 신호를 받고 분석한 후 명령을 내리기 때문이다. 이모션버터플라이즈가 날아다니는 모습을 보고 있으면 최면에 걸릴 것만 같다.

똥 싸는 오리
The Digesting Duck

2 **16** 1741년 * 자크 드 보캉송 * 프랑스

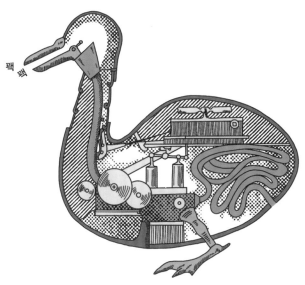

이 기계 오리 인형은 꽥꽥 울고, 물을 마시고, 음식을 먹어서 소화시킬 수 있다. 먹고 마신 것을 소화한다면 피할 수 없는 마지막 과정이 남아 있다. 그렇다! 이 오리는 배변까지 해낸다! 사실, 이 오리 인형이 먹는 음식은 특별히 제작한 것이다. 기계 장치의 내부 메커니즘이 오리가 먹은 음식을 반죽으로 바꾸어서 꼬리 아래에 있는 구멍으로 내보낸다.

자크 드 보캉송 JACQUES DE VAUCANSON
1709~1782

이 프랑스 발명가는 어려서부터 기계 역학에 관심이 많았다. 게다가 해부학에도 흥미를 보였다! 보캉송이 처음 만든 오토마톤은 '플루트 연주자'다. 이 기계의 기술력이 어찌나 뛰어났던지, 보캉송은 프랑스 과학 아카데미를 떠들썩하게 뒤흔들었다. 그 이후로 '탬버린 연주자'와 그 유명한 '똥 싸는 오리' 오토마톤을 만들었다.

승마 체험은 로봇랜드의 인기 관광 상품이다. 숙련된 기수가 아니어도 얼마든지
승마를 즐길 수 있다.

기계 말
Mechanical Horse

2 **J4**

1893년 ✴ 루이스 A. 릭 ✴ 미국

릭이 만든 기계 말은 승마를 짧게 즐기고 싶을 때 선택하면 좋다.
사실, 이 말은 다리가 달린 자전거다. 등자(사실은 페달)에 발을
얹으면 장치를 움직이는 메커니즘이 작동한다. 방향을 바꾸고 싶
다면, 고삐를 움직여서 말의 머리와 앞다리를 원하는 방향으로
돌리기만 하면 된다.

《천일야화》 속
흑단으로 만든 말

◯ **2** **I5**

9세기 ✴ 제작자 미상 ✴ 중동

대담한 여행자라면 틀림없이 흑단으로 만든 말을 선택할 것이다. 얼핏 보면
왕이 탈 듯한 준마처럼 보이지만, 사실은 사람을 아주 먼 곳까지 순식간에
데려다주는 진기한 말이다. 《천일야화》 속 흑단 말에 얽힌 이야기를 온전히
경험하려면, 페르시아 왕자나 벵골 공주로 변장하는 옵션이 있는 티켓을 구
매하면 된다. 안장 옆을 보면 말의 목에 나무못이 두 개 있다. 첫 번째 못을
돌리면 말이 땅에서 벌떡 일어나 번개 같은 속도로 공중을 달리기 시작하고,
두 번째 못을 돌리면 말이 움직임을 멈추고 부드럽게 땅으로 내려간다.

티푸의 호랑이 Tipu's Tiger

`2` `12` `F3` 1792년 * 파테흐 알리 티푸 술탄 * 인도

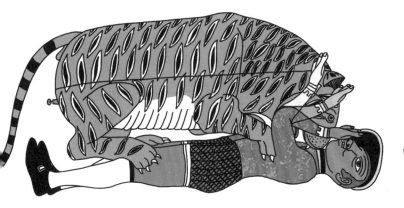

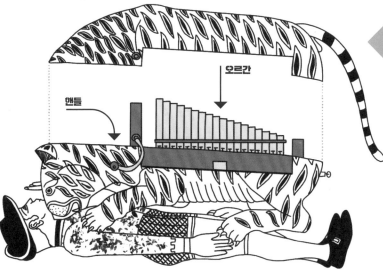

핸들

오르간

민감한 방문객이라면 이번 정거장에 내렸다가 불편함을 느낄 수도 있다. 호랑이가 영국 군인을 잡아먹는 광경을 티푸 술탄이 한껏 즐기고 있기 때문이다. 오토마톤의 핸들을 돌리면 영국 군인의 고난이 시작된다. 그는 왼팔을 위아래로 움직이며 도움을 청하고 호랑이로부터 몸을 지키려고 애쓴다. 하지만 커다란 짐승의 턱에서 벗어나 목숨을 부지할 가능성은 전혀 없다. 나무로 만들어 여러 색으로 칠한 이 오토마톤은 실물 크기인 데다 소리까지 내서 매우 실감 난다. 장치 내부의 작은 오르간은 18개 음을 낼 수 있어서 젊은 병

사의 흐느낌과 맹수의 포효를 흉내 낸다(호랑이 몸을 뒤덮은 얼룩 반점 중 일부에는 구멍이 뚫려 있어서 오르간 소리가 흘러나온다).

오토마톤이 묘사하는 이 극적인 장면은 실화에서 비롯했다. 바로 티푸 술탄의 원수였던 영국 장군 헥터 먼로Hector Munro의 아들이 비극적으로 죽음을 맞은 사건이다. 이 소식이 술탄의 귀에 들어가자, 그는 크게 기뻐하며 오토마톤을 만들라고 명령했다. 오늘날에는 런던의 빅토리아 앤 앨버트 박물관에서 이 소름 끼치는 작품을 감상할 수 있다.

"흠···. 너는 영국군과 싸우러 가는 편이 더 낫겠구나."

인도 남부 마이소르 왕국의 술탄인 파테흐 알리 티푸Fateh Ali Tipu(1751~1799)는 '마이소르의 호랑이'로도 불린다. 그는 호랑이와 영국에 집착했다. 호랑이는 깊이 숭배했지만, 영국은 그만큼 증오했다. 티푸는 잔인하기로 악명이 높았는데, 깊은 구덩이에 배고픈 호랑이들을 풀어놓고는 먹잇감으로 포로를 던져주었다고 한다. 그에게 가장 중요한 목표는 마이소르 왕국과 인도 전역을 식민 지배하려던 혐오스러운 영국인을 쫓아내는 것이었다. 목표를 달성할 유일한 방법은 전쟁이었다. 술탄은 네 차례나 전쟁을 치렀고, 결국 마지막 전투에서 목숨을 잃었다. 마이소르 왕국을 집어삼킨 영국군은 술탄의 보물들을 전리품으로 노략질해 갔다. 그중에는 당연히 호랑이 오토마톤도 있었다.

원숭이 시계

`1` `2` `7` `H11`

16세기 * 제작자 미상 * 독일

독일에서 탄생한 이 시계의 주인공은 구리로 만들고 금박까지 입힌 원숭이다. 옆에 있는 조련사가 회초리를 움직이면 이 우쭐대는 동물도 활기를 띠기 시작한다. 그런 다음, 매시간 입을 벌리고 거울을 들어 자신을 바라본다. 하지만 원숭이가 움직이는 모습을 보기 위해 매번 정각까지 기다릴 필요는 없다. 원숭이는 시계추의 리듬에 맞춰서 눈도 좌우로 굴린다! 기계 장치는 받침대 안에 숨어 있고, 시계는 두 전사의 얼굴이 새겨 있는 방패에 끼어 있다.

스파이 고릴라 Spy Gorilla

`2` `H12` 2020년 * PBS 방송국 * 미국

진짜 고릴라들은 스파이 고릴라가 가짜라는 사실을 눈치채지 못한다. 그 덕분에 스파이 고릴라는 고릴라 무리에 슬쩍 들어가 야생동물을 가까이서 보여 주는 다큐멘터리 영상을 찍는 데 성공했다. 이 다큐멘터리는 아니말리움에 있는 영화관에서 볼 수 있다.

헥사 HEXA

`2` `6` `G8`

2016년 * 빈크로스 * 중국

헥사는 거미로, 다리가 여섯 개뿐이다. 색다른 반려동물을 좋아한다면 헥사가 딱 알맞을 것이다. 헥사가 두 발을 들어 올려 인사하면 마음이 사르르 녹을지도 모른다. 게다가 이 로봇은 춤을 추거나, 칠판에 글을 쓰거나, 화분을 돌보도록 프로그래밍할 수도 있다.

후풍지동의
候風地動儀

`2` `6` `G6` 2세기 * 장형 * 중국

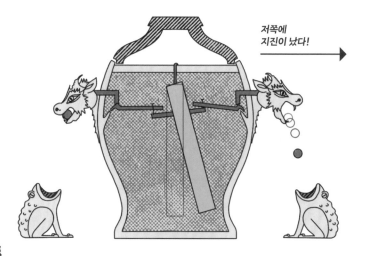

저쪽에 지진이 났다! →

이 기계는 지진이 발생한 방향을 알려 준다. 적어도 고대 문헌의 기록에 따르면 그렇다. 기구는 항아리 모양이며, 그 둘레에 구슬을 문 용머리가 여덟 개 배치되어 있다. 각 용머리 바로 아래에는 두꺼비가 입을 쩍 벌리고 앉아 있다. 항아리 내부 기계 장치에는 지레 몇 개와 진자 하나가 포함되어 있다. '운 좋게도' 로봇랜드를 방문하고 있을 때 지진이 일어난다면, 지진의 진앙 방향에 있는 용이 두꺼비 입을 향해 청동 구슬을 떨어뜨리는 광경을 볼 수 있을 것이다. 혹시라도 구슬이 떨어진다면, 당장 반대 방향으로 도망쳐라.

엘머Elmer, 엘시Elsie

2 F2 1948년 * 윌리엄 그레이 월터 * 미국

신경과학자 월터William Grey Walter는 낡은 알람 시계를 비롯해 갖가지 재활용 재료로 이 거북이 두 마리를 만들었다. 엘머와 엘시는 최초의 자율 로봇으로 평가받는다. 구성 장치는 아주 적지만, 광원을 따라서 움직이고 장애물을 피할 수 있다.

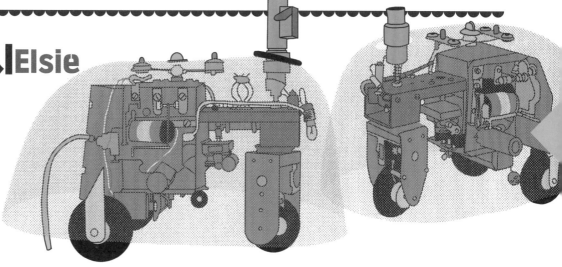

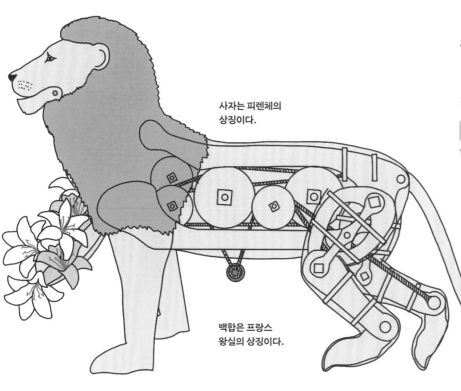

사자는 피렌체의 상징이다.

백합은 프랑스 왕실의 상징이다.

사자 오토마톤

2 K5

1515년 * 레오나르도 다빈치 * 프랑스

프랑스 왕 소유였던 이 기계 사자는 상징으로 가득하다. 프랑수아 1세 소유였지만, 가끔 교황 레오 10세와 만나기도 했다. 사자는 머리와 꼬리를 흔들거나 입을 벌렸다 다물었다 하면서 걸어 다닌다. 심지어 왕궁의 홀을 걸어와 왕 앞에 서서 가슴을 열고 백합꽃을 떨어뜨렸다고 한다. 오로지 프랑스 왕을 위한 쇼였달까….

레오나르도 다빈치 LEONARDO DA VINCI
1452~1519

르네상스 시대 피렌체의 천재.
굉장히 박식했던 그는 수많은 분야에서 두각을 나타냈다.
특히, 다빈치의 해부학 연구는 회화에서만 높이 평가받는 것이 아니다.
그는 당대 사람들을 깜짝 놀라게 했던 오토마톤을 만들 때도 기계 연구와 해부학을 함께 적용했다. 로봇랜드에서는 다빈치가 만든 사자와 말 오토마톤을 만날 수 있다.

로봇랜드에는 사람의 가장 좋은 친구를 복제한 로봇이 대단히 많고 다양하다. 이런 로봇은 똥을 치울 필요도 없고, 동물병원에 데려가지 않아도 된다. 개에서 영감을 받아 탄생한 다재다능한 주민은 갈수록 늘어나고 있다. 동료를 지키는 로봇도 있고 위험한 장소를 조사하는 로봇도 있다. 시각장애인을 돕는 등 훨씬 더 어렵고 까다로운 일을 맡는 로봇도 곧 생겨날 것이다.

아이보AIBO

2 10 H4 1999년 * 소니 * 일본

미리 경고한다. 여러분이 아이보를 만나면, 이 사랑스러운 이 강아지를 집으로 데려가고 싶어 어쩔 줄 모를 것이다. 물론, 아이보를 반려 로봇으로 들일 수 있지만, 비용이 많이 들 것이다. 그러나 외출했다가 집에 들어설 때 문가에서 기다리고 있는 아이보를 보면 비용 생각은 싹 사라질 것이다. 게다가 아이보는 매일 산책시킬 필요도 없다.

벤벤BenBen

2 10 H4

2021년 * 유니트리 로보틱스 * 중국

벤벤은 개의 몸을 가졌지만, 온순한 황소의 영혼을 지녔다. 앉거나 재주 넘는 명령을 수행할 수 있다. 심지어 춤까지 춘다. 만약 주목받는 것을 좋아한다면 반려 로봇으로 벤벤을 키워 보라. 함께 산책하러 나가면, 벤벤의 화려한 색깔 덕분에 모두가 쳐다볼 것이다.

주스토캣 JustoCat

2 G8 2015년 * 멜라르달렌대학교 * 스웨덴

개보다 고양이를 더 좋아한다면, 고양이 로보펫을 선택해 보라. 특히 주스토캣은 치매 환자를 돌보기에 완벽한 조수다. 치매 환자들이 다정하게 쓰다듬어주면 이 새끼 고양이가 가르릉대며 반응하는데, 이는 환자들에게 긍정적인 생각과 감정을 불러일으킨다. 더불어 주스토캣은 환자가 간병인과 상호작용하도록 돕기까지 한다.

스팟미니SpotMini

2 8 G5 2020년 * 보스턴 다이내믹스 * 미국

스팟미니는 머리가 없기 때문에 첫눈에 반하기는 어렵다. 하지만 이 로봇의 임무는 사람들에게 사랑받는 것이 아니라 위험한 장소에 가서 '사람의 눈'이 되어 주는 것이다. 스팟미니는 어떤 지형에서든 걸을 수 있고, 계단도 오를 수 있다. 다만 미리 자동화한 경로를 지정하지 않았다면 인간이 직접 로봇을 제어해야 한다.
스팟미니는 팔을 장착해서 문을 열거나 물건을 집을 수도 있다. 이 로봇 개는 2015년에 탄생한 스팟Spot의 동생이다.

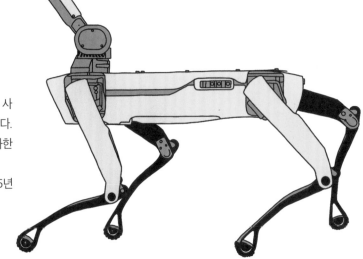

3

코스모스

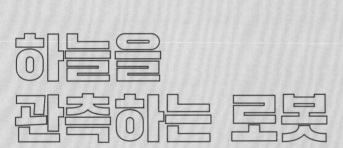

산 펠리체의 공중 기계 장치 — 5 12

네로의 회전 식당

성 시계 — 1 7 9

프라하 천문시계 — 1 7

안티키테라 기계

목동 시계 — 1 7

천국의 기계 — 12

자이룬의 물시계 — 7

수운의상대 — 7

세상이 시작된 이래로 인간은 머리 위 하늘을 올려다보았다. 우주가 얼마나 넓은지 상상하기란 쉽지 않다. 우주를 한눈에 바라볼 수 없기 때문이다. 아마도 우주가 이렇게 거대하고 복잡하기 때문에 인간은 자주 우주를 신이나 신의 거처와 관련지었을 것이다. 더욱이 인간은 신과 같은 존재가 되고 싶은 열망을 품고 우주를 탐구하는 데까지 나아갔다.

창공을 주의 깊게 살펴보며 그 주기를 관찰하면, 천체 현상을 예측하고 시간의 흐름을 계산할 수 있다. 그래서 코스모스 노선의 로봇 대다수는 시계 역할도 함께 맡는다. 실제로 템푸스 노선에서 이주해 온 주민도 적지 않다. 예측하고 측정하고 통제하는 것은 질서를 세우는 것이다. 인간은 하늘을 관측하며 언제 씨를 뿌릴지, 언제 세금을 걷을지, 어느 날을 휴일로 정할지 등 지상의 삶을 조직하고 계획했다.

코스모스의 주민들은 우주의 신비를 풀기 위해, 우주를 이해하기 위해, 심지어는 그저 사람들에게 놀라움을 안겨 주기 위해 우주를 재현한다. 이들과 함께라면 우주를 여행할 수도 있고, 하늘에 관한 종교적 개념을 배울 수도 있고, 행성과 별의 위치를 찾아볼 수도 있다. 게다가 우연히 점성술사라도 만나면 운명에 관해서도 알 수 있을 것이다.

안티키테라 기계Antikythera Mechanism

3 **E11**
기원전 2세기~기원전 1세기 * 제작자 미상 * 헬레니즘 시대 그리스

1900년, 어느 잠수부가 바닷속에 침몰한 고대 로마의 갤리선에서 이 불가사의한 물체를 찾아냈다. 그 장소가 그리스 안티키테라섬 앞바다였기 때문에 이 장치에도 안티키테라라는 이름이 붙었다. 기계 장치는 비문을 새긴 나무 상자 안에 들어 있었다. 이 흥미진진한 유물은 정말로 놀랍다. 바다 밑바닥에서 2,000년을 보냈기 때문에 언뜻 보기에는 부식한 청동 조각 같지만, 사실은 아날로그 컴퓨터라고 할 수 있다.

아테네 국립고고학박물관에 보존된 파편 82개 가운데 30개 이상이 톱니바퀴다. 이런 부품을 활용한 복잡한 메커니즘은 기계의 기능이나 용도에 관해 무수한 가설과 이론을 낳았다.

안티키테라 기계는 정밀한 천문시계이자 일식과 월식 예측기, 이동식 플라네타륨(반구형 천장에 태양과 달, 행성 등 천체를 투영하는 장치-옮긴이)이었을 것으로 추정한다. 범그리스 제전Panhel-lenic Games(그리스 전역에서 참여하는 올림피아 제전과 네메아 제전, 이시트미아 제전, 피티아 제전을 모두 묶어 가리키는 말-옮긴이) 등 종교·농업·스포츠 행사와 축제의 날짜를 정하는 데 사용했을 수도 있다.

이 유물은 '세계 최초의 아날로그 컴퓨터'로 꼽힌다.

달의 불규칙한 궤도나 행성의 운동을 재현하려면 고도의 천문학 지식이 필요하다.

자이룬의 물시계Jayrūn Water Clock

3 **7** **E9**   12세기 * 무함마드 알사아티 * 이슬람 제국

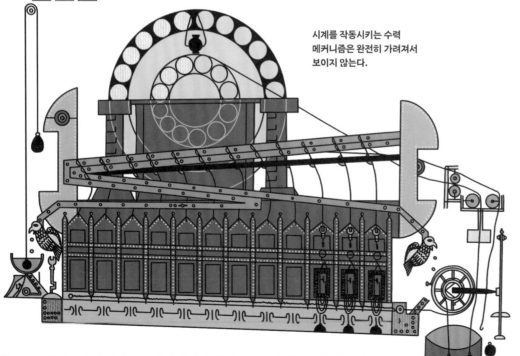

시계를 작동시키는 수력 메커니즘은 완전히 가려져서 보이지 않는다.

이 물시계는 다마스쿠스 모스크의 자이룬 문 Jayrūn Gate에 설치되어 있다. 시계 아래쪽에는 회전문 12개와 매가 있고, 위쪽에는 태양의 위치와 황도 12궁을 보여 주는 원판이 있다. 이 원판 뒤 반원에는 불투명한 유리로 덮인 원형 구멍 12개가 나 있다. 낮에는 매시간 매의 부리에서 공이 떨어지고 아래쪽 회전문이 열린다. 아울러 원판에 있는 화살로 낮 동안 태양이 지구와 이루는 각도를 표시한다. 밤이 되면 위쪽 원판이 회전해서 그 시간에 맞는 구멍을 등불로 비춘다. 이 물시계를 제작한 무함마드 알사아티Muhammad al-Sa'ati의 아들 리드완 알사아티Ridwan al-Sa'ati는 《시계 제작과 사용법에 관한 서》를 저술해서 아버지의 시계를 자세히 설명했다.

산 펠리체의 공중 기계 장치

3 **5** **12** **C10**

15세기 * 필리포 브루넬레스키 * 피렌체 공화국

르네상스 건축가 필리포 브루넬레스키Filippo Brunelleschi는 피렌체의 자그마한 산 펠리체 교회Chiesa di San Felice in Piazza에 성모 마리아의 수태고지를 표현하는 무대 미술을 제작해 달라는 의뢰를 받았다. 성경에 따르면, 하느님이 보낸 대천사 가브리엘이 마리아에게 예수의 어머니가 될 것이라고 알린다. 천상의 독창성을 지녔다고 찬사받는 브루넬레스키는 이 이야기를 그려 내기 위해 기계 공학으로 무대 예술과 음악을 표현했다.

성당 본당의 천장을 보면 나무로 만든 반구半球가 있는데, 이곳이 바로 하느님이 있는 천상이다. 하느님의 발치에는 천사들이 둘러서 있다. 천국에서 우산살처럼 보이는 골조가 우레 같은 소리를 내며 지상으로 내려온다. '마조mazzo'라고 불리는 이 골조에는 노래하는 천사 여덟 명이 타고 있다.

곧 불꽃놀이가 이어지며 마조에서 만돌라mandorla(중세 기독교 미술에서 그리스도나 성모 마리아를 감싸는 아몬드 모양 후광-옮긴이)가 내려간다. 이 만돌라 안에 바로 대천사 가브리엘이 있다. 가브리엘은 지상에 닿으면 만돌라를 밝히고 있던 등불을 끈 후, 마리아의 집으로 향한다. 마침내 대천사가 마리아에게 인사하며 예수를 잉태할 것이라고 알린다.

천상

마조

만돌라

등불

대천사 가브리엘

성모 마리아

3월 25일은 성모 수태고지 축일이다. 성당의 좌석이 제한되어 있으니, 입장권이 없다면 출입할 수 없다!

수운의상대
水運儀象臺

`3` `7` `F9` 1092년 * 소송 * 중국

중국 송나라 때 만든 이 인상적인 건축물은 사실 물로 작동하는 천문시계다. 탑 모양의 시계 겉면에는 창문이 다섯 개 있다. 창문으로 보이는 자동 인형들은 종과 북을 쳐서 시간을 알린다. 하루 중 특정 순간이나 기타 절기 정보를 나타내는 표지판을 들어 올리기도 한다.

탑 내부 1층에는 수력 기계 장치가 있다. 이 장치의 물레바퀴들은 물이 일정하게 흐르도록 설계되었다.

탑 내부 2층에는 아래층의 톱니바퀴와 연결된 별자리 천구, 혼상渾象이 있다. 혼상은 지구가 360° 회전하는 속도(항성일)에 맞춰 회전한다(항성일은 천구상에 고정된 별을 기준으로 이 별이 남중하는 시각부터 다음 남중 시각까지의 시간 간격이다. 즉, 수운의상대의 혼상이 한 바퀴 회전하는 데 걸리는 시간은 24시간이 아니라 23시간 56분 4.091초다-옮긴이). 혼상은 지평선 역할을 하는 탁자에 놓여 있다. 따라서 혼상에서는 우리가 지구에서 볼 수 있는 별자리와 매 순간 그 별의 위치를 확인할 수 있다.

가장 위층에는 하늘을 직접 관찰하기 위해 청동으로 만든 혼천의를 설치했다. 혼천의는 2층의 혼상과 1층의 수력 장치와 연결되어 있다.

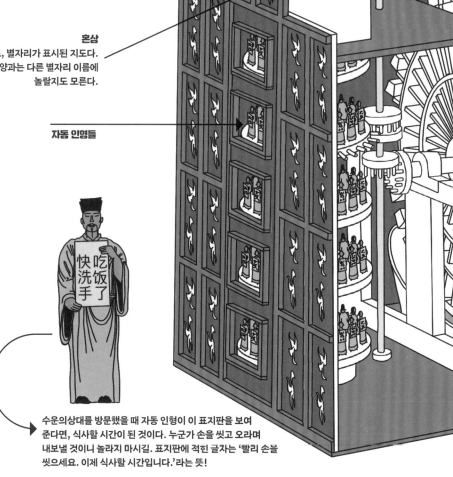

혼천의
지구에서 바라본 우주의 모습을 나타내는 천체 관측 기구.

혼상
지구와 중심이 같은 상상의 구체로, 별자리가 표시된 지도다. 서양 방문객이라면, 서양과는 다른 별자리 이름에 놀랄지도 모른다.

자동 인형들

**중국에서는 고대와 중세 시대에 천문 기술이 크게 발전했다. 보통 천문학이라고 하면 고대 그리스를 떠올리지만, 중국의 천문학 수준도 그리스에 뒤지지 않았다.
중국처럼 농업을 기반으로 한 문명에서는 달력이 필요했으며, 황제가 직접 달력을 제정했다. 그래서 천문학자는 정부 관리로 뽑히고, 높은 사회적 지위를 누렸다.**

수운의상대를 방문했을 때 자동 인형이 이 표지판을 보여 준다면, 식사할 시간이 된 것이다. 누군가 손을 씻고 오라며 내보낼 것이니 놀라지 마시길. 표지판에 적힌 글자는 '빨리 손을 씻으세요. 이제 식사할 시간입니다.'라는 뜻!

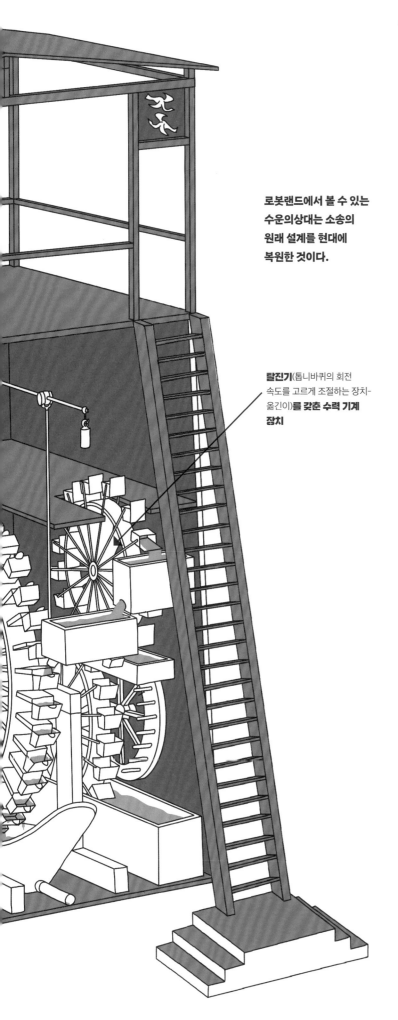

로봇랜드에서 볼 수 있는
수운의상대는 소송의
원래 설계를 현대에
복원한 것이다.

탈진기(톱니바퀴의 회전
속도를 고르게 조절하는 장치-
옮긴이)**를 갖춘 수력 기계
장치**

소송蘇頌
1020~1101

박학다식한 소송은 북송의 재상이자 시계 제작자일 뿐만 아니라
천문학자이자 수학자, 지도 제작자, 의학자, 약제사, 건축가, 고미술
전문가, 박물학자이기도 했다. 심지어 한가할 때는 시도 썼다.

송나라 황제 철종은 북방의 이웃나라이자 경쟁 국가인 요나라에 생일 축하 사절을 보냈다. 그런데 송나라 달력에 오류가 있어서 계산을 잘못하는 바람에 외교 사절이 목적지에 하루 늦게 도착했다. 철종은 노발대발했다. 송의 달력에 문제가 있다니, 얼마나 부끄러운 일인가! 송나라 학문의 우수성을 입증하기 위해 당장 조치해야 했다. 황제는 학식이 깊은 소송에게 더 정밀한 시계를 제작하라고 명령했다.

소송은 시계를 만드는 데 몇 년을 쏟은 끝에 새로운 천문시계 '수운의상대'를 선보였다. 아울러 훌륭한 서서 《신의상법요新儀象法要》를 지어 수운의상대를 설계하고 건축하는 과정과 사용하는 방법을 설명했다. 황제는 이 복잡한 기계 장치를 보고 크게 감명받았다. 당연한 반응이었다. 아마 수운의상대는 중세를 통틀어 가장 진보한 기계 가운데 하나였을 것이다.

세월이 흘러 1127년, 여진족이 세운 금나라가 송나라를 침략했다. 금은 수운의상대를 해체해서 베이징으로 옮겨 재건하려고 했지만, 실패했다. 시간이 흐른 뒤 남송의 고종이, 소송의 아들에게 수운의상대를 새로 제작하라고 명령했다. 그는 아버지가 남긴 책을 연구하며 작업에 뛰어들었지만, 역시 실패하고 말았다. 아무래도 설계 도면이 없었던 듯하다. 어쩌면 소송이 아이디어를 도둑맞지 않으려고 일부러 설계 도면을 숨겼을지도 모른다.

성 시계
1 3 7 9 C12
12세기 * 이스마일 알 자자리 * 이슬람 제국

천국의 기계
Macchina del Paradiso
3 12 E10
1490년 * 레오나르도 다빈치 * 밀라노 공국

밀라노의 공작 루도비코 '일 모로' 스포르차는, 조카 잔 갈레아초 마리아 스포르차를 나폴리의 이사벨라 다라고나와 결혼시키며 자신의 성에서 화려한 향연 '천국의 연회La Festa del Paradiso'를 열었다. 이 축하연에서는 연극 공연도 펼쳤다. 무대 제작을 의뢰받은 레오나르도 다빈치는 하객들에게 깊은 인상을 남길 독창적 기계 장치를 설계했다. '천국의 연회'는 비공개 행사여서 우리가 참석할 수는 없다. 하지만 파티에 참석한 하객들이 분명, 떠나면서 소감을 말해 줄 것이다.

천국의 기계를 보면 여러 행성과 황도 12궁의 별자리가 움직인다. 별을 움직이는 복잡한 기계 장치는 관객이 볼 수 없도록 숨겨 놓았다. 별은 사실 불을 밝힌 양초로 만들었다. 금박으로 양초 전체를 둘러싸고 촛불을 반사해서, 별빛이 반짝이는 것처럼 표현했다. 이 기계 장치 앞에서 실제 배우들이 이리저리 움직이며 노래하고 연기한다.

성 시계는 알 자자리가 저서 《독창적인 기계 장치의 지식에 관한 서The Book of Knowledge of Ingenious Mechanical Devices》에서 설명한 첫 번째 시계다. 게다가 이 시계는 분명 그 어떤 시계보다도 복잡하다. 단지 시간뿐만 아니라 황도대와 태양의 위치, 달의 위상까지 알려 준다. 그야말로 완벽하게 진화한 물시계라고 할 수 있다.

이 시계는 거대한 성채의 대문처럼 생겼다. 아래쪽에는 악사가 몇 명 있고, 입구 옆면에는 매가 두 마리 있다. 천문과 관련된 위쪽에는 해와 달, 황도대를 표현한 원판이 있다. 그 아래 두 줄로 늘어선 문 12개는 하루 24시간을 나타낸다.

매 태양시太陽時에 윗줄의 작은 문이 열리고 인형이 나타난다. 동시에 그 아래 있는 문이 회전하면서 '알라 알 말리크Allah al-Malik'라는 글을 보여 준다('알 말리크'는 '왕'이라는 뜻으로, 알라를 가리키는 이름 중 하나). 그런 다음 매 두 마리가 몸을 기울이고 날개를 펼치면서 자그마한 청동 구슬을 바로 아래에 있는 항아리에 떨어뜨린다. 쨍그랑! 구슬을 떨어뜨린 매는 날개를 접고 원래 자세로 돌아간다.

해가 가장 높이 뜨고 여섯 번째 문이 열리는 순간, 악사들이 악기를 연주하기 시작한다. 먼저 북을 치고, 그다음에 나팔을 분다.

이 성채 뒤에는 복잡한 수력 기계 장치가 숨어 있다.

프라하 천문시계
(프라하 구시청사 천문시계)

1 3 7 D13 1410년 * 미쿨라시 * 보헤미아 왕국

하누시가 천재적인 시계 제작술을 다른 곳에서도 발휘할까 봐 두려워했던 프라하 당국이, 그의 눈을 멀게 했다는 전설이 전한다. 오늘날 이 이야기는 정말로 전설에 지나지 않으며 시계를 만든 사람도 하누시가 아니라는 사실은 잘 알려져 있다.

프라하에서는 구시가지의 옛 시청 건물 남쪽 벽에 있는 이 시계를 '프라시스키 오를로이Pražský orloj'라고 부른다.

1962년까지만 해도 이 천문시계를 제작한 사람은 시계공 하누시 루제Hanuš Ruze로 알려졌다. 하지만 연구를 통해 진정한 주인공은 카단Kadaň의 미쿨라시Mikuláš이며, 루제는 15세기 말에 시계를 수리하다가 아래쪽 시계판을 설치했을 뿐이라는 사실을 밝혀냈다. 정각마다 시계의 인형들이 움직이고, 춤추는 쇼를 보려고 사람들이 구름 떼처럼 몰려온다. 정각이 되어 가장 위쪽 창문 두 개가 열리면, 12사도가 한 창문에 여섯 명씩 차례대로 천천히 나타나 아래 인간 세상을 바라본다. 그 아래 시계 옆쪽을 보면, 죽음을 상징하는 해골이 종을 울리고, 최후의 날까지 남은 시간을 재는 모래시계를 뒤집는다. 한편 허영심을 상징하는 인형은 거울을 들어 자기 모습을 바라보고, 탐욕스러운 유대인 상인은 돈주머니를 흔들고, 음탕한 튀르크인 인형은 만돌린을 퉁긴다.

12사도의 행진이 끝나면, 창문이 닫히고 수탉이 운다. 바로 그 순간, 종이 울린다.

프라하 천문시계는 이처럼 다양한 방식으로 시간을 알려 줄 뿐만 아니라, 해와 달의 위치와 위상까지 보여준다.

루드비크 하인츠라는 회사가 1865년부터 프라하 천문시계를 유지·보수하는 작업을 맡고 있다. 바로 그해에 회사 창립자가 사례금을 마다하고 시계를 복원했다. 시계판을 수리할 때는 이 작은 문을 연다.

프라하 천문시계는 낮 8시와 밤 9시 사이에 방문하라. 이 기간에만 시계판 주위의 인형들이 정각에 움직인다.

네로의 회전 식당

3 **A10** 1세기 * 네로 * 고대 로마

로마의 콜로세움 근처에 지은 네로의 별장은 황금과 보석, 조개껍데기로 뒤덮여 있어서 쉽게 알아볼 수 있다. 태양신으로 분장한 황제의 거대한 동상이 이 웅장한 황궁의 입구에서 여러분을 맞아 줄 것이다. '도무스 아우레아Domus aurea(황금 궁전)'는 네로의 거처일 뿐만 아니라 향락과 오락을 즐기는 공간이기도 했다.

황금 궁전을 샅샅이 둘러보려면 꼬박 하루가 걸릴 수도 있다. 방이 150개나 되기 때문! 혹시 시간이 촉박하더라도 전설적인 회전 식당에서 맛보는 만찬만큼은 놓치지 않길 바란다. 연회장으로 쓰는 이 원형 실내는 몹시 호화롭다.

벽도 아름다운 그림으로 장식되어 있다. 무엇보다도 바닥이 회전한다는 사실이 가장 큰 특징이다. 하지만 멀미는 나지 않을 테니 걱정하지 않아도 된다. 식당은 지구가 자전하는 것처럼 아주 천천히 움직여서 24시간 만에 한 바퀴를 돈다. 가끔 황제는 중앙의 왕좌에 앉아서 자기가 태양신이라고 선언하곤 한다. 그럴 때면 천장에서 향기를 머금은 꽃잎이 떨어진다.

애피타이저:
꿀과 양귀비 씨앗으로 맛을 낸 겨울잠쥐

메인 요리:
개똥지빠귀로 속을 채운 멧돼지 구이

디저트:
히스파니아산 꿀과 치즈를 곁들인 포카치아

마무리:
신선한 굴과 달팽이 숯불구이

식사 시간 내내
100년간 숙성한 와인을 제공합니다.

고대 로마의 문인 페트로니우스가 저서 《사티리콘》에서 묘사한 메뉴를 이 회전 식당에서도 맛볼 수 있다.

복잡한 수력 메커니즘으로 움직이는 구형 베어링 위에서 목재 구조물이 회전한다. 그 덕분에 식당 바닥도 움직일 수 있다. 도무스 아우레아(네로의 황금 궁전)의 회전 식당은 고대의 기술적·건축학적 위업이다.

회전하는 구조물

베어링

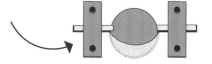

2009년, 이탈리아와 프랑스의 고고학자들이 이 회전 식당을 발견했다. 거대한 중앙 기둥과 아치 여덟 쌍이 있는 2층짜리 탑이 식당을 지지한다. 탑 위에 있는 반구형 동공洞空을 보면, 이 유적이 로마 역사가 수에토니우스가 묘사한 그 유명한 회전 식당의 터라는 사실을 짐작할 수 있다. 이 동공에 베어링이 놓였을 것이다.

4
세쿠리타스

터미네이터 T-800	●	1
우주소년 아톰	●	1
골렘	●	1
마징가 Z	●	1
코브라	●	8
그라운드봇		
앤봇		
SQ-2		
드론 매빅 2 엔터프라이즈		
형사 가제트	●	1
탈로스	●	1
자동 쇠뇌 병마용갱		
교통정찰 로봇		
아스트로		
램씨		
찰리	●	2
스퍼	●	2
나노 허밍버드	●	2

인간을 보호하는 로봇

세쿠리타스 주민은 로봇랜드에서의 안전한 여행을 책임진다. 세쿠리타스의 로봇들은 적이든 테러 세력이든, 로봇랜드 영토 안에 도사리고 있든 바깥에서 쳐들어오든, 위험한 것이라면 무엇이든 막아야 한다. 군사적 이유에서든 누군가에게 복수하기 위해서든, 초자연적인 힘을 사용하든 아니든, 보안은 세쿠리타스 로봇의 임무이다.

보안 로봇은 침입을 막는 첫 번째 방어벽이며, 범죄자와 해적을 막는 데 대단히 효과적이다. 이들은 수상쩍거나 비정상적인 움직임을 감지하면 신속하게 조치하고 경고를 보낸다. 연기가 보이면 소방서에 알리기도 한다. 여러분이 위험에 빠지면 이 로봇들이 안전하게 구조할 것이다.

보안 로봇은 언제나 활동적이다. 충전해야 할 때는 지정된 장소로 이동하지만, 보안 시스템에 구멍이 생기지 않도록 늘 일정을 조정해서 움직인다. 언제 어디서나 감시당한다는 생각에 조금 성가실 테지만, 비상시에는 세쿠리타스 로봇의 신속한 대처가 고마울 것이다. 또한, 로봇랜드 방문 중에는 법규를 어기지 않는 것이 좋다. 그렇지 않으면 이 무자비한 보안관에게 심문을 받을지도 모른다.

우주소년 아톰 鉄腕アトム

◯ 1 4 A4

1952년 * 데쓰카 오사무 * 일본

제트 엔진이 있어서
날 수 있다.

동명의 만화 속 주인공 우주소년 아톰은, 텐마 박사가 먼저 세상을 떠난 아들 토비오를 대신해서 만든 안드로이드다. 로봇이 결코 아들처럼 될 수 없다는 사실을 깨달은 텐마 박사는, 아톰을 서커스단에 팔아넘긴다. 다행히도 과학부 장관 오차노미즈 박사가 아톰을 발견하고 구해 줄 뿐만 아니라 아들처럼 대한다. 그때부터 아톰은 범죄에 맞서 싸우기 시작한다. 우주소년은 판단력을 잃고 고장 난 로봇과 외계 생물, 로봇에 반대하는 인간으로부터 우리를 보호한다.

아톰은 초고속으로 움직일 수 있고, 눈으로 광선을 쏠 수 있으며, 청력이 인간보다 1,000배 더 좋고, 외국어를 즉각 통역할 수 있다(그래서 전 세계 관광객과 대화할 수 있다). 심지어 엉덩이에 개폐식 기관총도 갖추고 있다. 하지만 가장 놀라운 능력은 인간과 비슷한 감정을 느끼고 공감할 수 있는 능력이다.

탈로스 Talos

◯ 1 4 D3

제작 연도 미상 * 불과 대장간의 신 헤파이스토스 * 고대 그리스

이 청동 거인은 지구상에 나타난 최초의 로봇으로 꼽힌다. 그리스 신화가 전하는 바로는, 제우스가 헤파이스토스에게 탈로스를 만들어 달라고 부탁했다고 한다. 탈로스는 제우스의 아들이자 크레타 왕인 미노스에게 줄 선물이었다. 이 로봇의 임무는 크레타섬 수호였다. 그는 무장한 채 하루 세 번 섬을 순찰했다. 해적선이 감히 크레타섬 바닷가에 다가오면 바윗돌을 던져 배를 침몰시켰다. 침략자가 뭍으로 올라오면 청동으로 된 몸을 뜨겁게 달군 뒤 끌어안아서 죽였다.

탈로스는 몸속에 이코르라는 신성한 피가 흐르는 덕분에 불사의 존재였다. 발목에 있는 나사못은, 이코르가 밖으로 흘러나오지 못하게 동맥을 막아 주는 역할을 한다. 혹시 여러분이 탈로스와 대결한다면 바로 이 발목이 약점이라는 사실을 기억하라. 마녀 메데이아가 그랬듯이, 발목의 나사못을 뽑으면 이코르가 몸 밖으로 모두 빠져나와서 탈로스는 결국 쓰러져 죽는다.

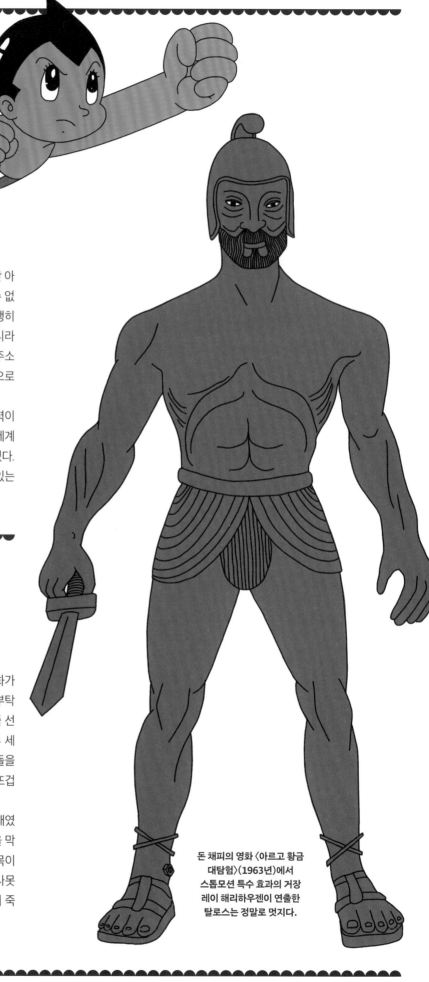

돈 채피의 영화 〈아르고 황금
대탐험〉(1963년)에서
스톱모션 특수 효과의 거장
레이 해리하우젠이 연출한
탈로스는 정말로 멋지다.

골렘 전설은 성경의 <창세기>에서 직접 영향을 받았다. 성경은 하느님이 진흙으로 최초의 인간 아담을 빚고 생명을 불어넣었다고 설명한다.

사람들에게 가장 사랑받는 골렘은 파울 베게너와 카를 뵈제의 영화 <골렘>(1920년)에서 베게너가 직접 연기한 골렘이다.

골렘Golem

◯ 1 4 B5 16세기 * 랍비 유다 뢰브 벤 베자렐 * 보헤미아 왕국

16세기 보헤미아 왕국의 프라하에는 골렘에 얽힌 전설이 전한다. 어느 기독교도 아이가 사라지자 도시의 유대인에게 비난이 쏟아졌다. 프라하 시민들은 유대인이 아이의 피를 부활절 의식에 사용하리라고 의심했다. 물론 잘못된 믿음이었지만, 보헤미아 국왕 루돌프 2세는 프라하에 사는 유대인들을 모두 추방하라고 명령했다.

그 직후, 유다 뢰브 벤 베자렐Judah Loew ben Bezalel이라는 랍비는 꿈에서 인조인간을 만들어 유대인 공동체를 구하라는 명령을 받았다. 그 인조인간이 바로 골렘이다.

유다 뢰브는 매우 친한 랍비 두 명의 도움을 받아 블타바강 유역의 진흙으로 골렘을 빚었다. 랍비는 주문을 외우면서 골렘 주변을 일곱 바퀴 돌고 골렘의 이마에 '에메트emeth(진리라는 뜻의 히브리어)'라고 쓰자 골렘이 살아났다. 유대인을 구하라는 사명을 짊어진 골렘은 실종된 기독교 소년을 찾아 나섰다. 아이는 집 지하실에서 건강하고 안전한 모습으로 발견되었다. 알고 보니, 유대인을 혐오해서 내쫓고 싶었던 아이 아버지가 억지로 자식을 지하실에 숨겨 놓고 있었다.

이야기가 여기에서 끝난다면 해피엔딩이었겠지만, 골렘은 계속 자라 차츰 폭력적으로 변해 갔다. 결국 랍비가 골렘의 힘을 제거하기로 한다. 그는 골렘의 이마에 쓰인 단어 'emeth'에서 첫 글자 'e'를 지워 '메트meth(죽음이라는 뜻)'만 남겼다. 그러자 골렘은 목숨을 잃었고, 그 랍비는 유대교 회당 다락에 골렘을 감추고는 문을 잠가 버렸다.

자동 쇠뇌 병마용갱

◯ 4 E3 기원전 210년 * 진시황 * 중국

중국을 최초로 통일한 진시황의 무덤에도 흙으로 만든 존재가 있다. 바로 황제를 둘러싸고 보호하는 병마용 군대다! 하지만 진시황의 장대한 영묘靈廟가 로봇랜드에서 한 자리 차지할 수 있는 이유는 병마용이 아니라 자동 쇠뇌(쇠로 된 발사 장치가 달린 활)에 있다. 역사가 사마천의 기록에 따르면, 자동 쇠뇌가 황릉 입구와 복도에 설치되어 있다고 한다. 그런데 부장품이 손상될까 봐 아무도 감히 황릉을 열어 보지 못하고 있다. 그래서 우리는 자동 쇠뇌가 정말로 황릉 안에 있는지, 환영받지 못할 방문객이 치명적인 화살을 맞게 될지 아직 모른다. 다행히도 로봇랜드의 진시황릉과 병마용갱은 복제품이기 때문에 화살을 맞지 않고 안전하게 둘러볼 수 있다.

형사 가제트
Inspector Gadget

◯ **1** **4** **D3**

1983년 * 브루노 비앙키 *
프랑스, 캐나다, 미국, 일본

이 애니메이션 시리즈의 주인
공인 덤벙대는 형사 가제트는
사이보그다! 그는 온몸에 수많은
도구와 장치를 이식했다. 예를 들
어 모자에는 날 수 있게 해주
는 만능 헬리콥터가, 손에는
비밀 전화기가 장착되어 있
다. 가제트의 임무는 사악한 클로 박
사와 그가 이끄는 범죄조직 MAD에 맞
서 세상을 구하는 것이다. 가제트는
조카 페니와 반려견 브레인의
비밀스러운 도움 덕분에 늘 악
당을 막아낸다.

드론 매빅2 엔터프라이즈
Dron MAVIC 2 Enterprise

4 **D4** 2018년 * DJI * 중국

로봇랜드의 하늘에는 드론이 흔하다. 드론은 숲을 감시하고, 화
재가 일어나면 경보를 울리고, 바닷가에서 헤엄치는 사람들의 안
전을 살피고, 도로나 분쟁 상황에서 경찰의 눈이 되어 준다. 드론
이 제공하는 정보는 보안 기관의 활동에 극도로 중요하다.
드론은 확성기로 명령을 내리기도 한다. 하지만 생생한 대화를
나눌 만한 상대는 아니다. 특정 행동을 지시하거나 위험을 경고
하기 위해 미리 녹음된 메시지만 말하기 때문이다. 2020년에 개
선되어 출시된 매빅2 엔터프라이즈 어드밴스드는 고해상도 실
제 영상과 열화상 영상을 보여 줄 뿐만 아니라, 32배 줌 덕분에
가장 작은 세부 사항까지 포착할 수 있다. 아울러 센티미터 단위
까지 정확한 위치 확인 모듈과 확성기, 스포트라이트, 안전 표지
를 장착할 수도 있다.

나노 허밍버드
Nano Hummingbird

2 **4** **G3**

2008년 * 에어로바이런먼트 * 미국

나노 허밍버드는 꼭 벌새처럼 생겼지만, 벌새가 아니라 날아다니는 경비원이다. 그래도 진짜 벌새처럼
사방으로 날 수 있고, 정지 비행하며 공중에 떠 있을 수도 있다. 이 자그마한 원격 제어 로봇에는 감시
와 정찰 임무를 위한 카메라가 달려 있다. 혹시 나노 허밍버드가 여러분을 따라다니거나 심지어 건물
에 들어오더라도 놀라지 않기를 바란다. 나노 허밍버드는 11분 동안만 자율적으로 움직일 수 있기 때문
에, 상황에 특별히 문제가 없다고 판단하면 곧바로 떠날 것이다.

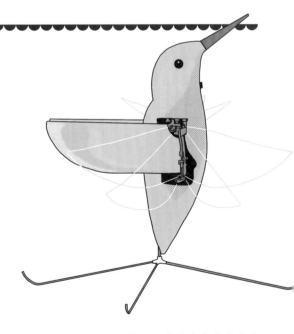

그라운드봇GroundBot

4 **C5** 2004년 * 로툰두스 * 스웨덴

소리 없이 움직이는 이 동그란 로봇은 눈밭이나 모래, 진흙에서 시간당 10킬로미터의 속도로 이동할 수 있다. 하지만 로봇랜드에서는 주로 공항과 쇼핑몰을 순찰한다. GPS로 이동하도록 프로그래밍되어 있지만, 통제 센터에서 직접 조이스틱으로 로봇을 제어하기도 한다. 게다가 통제 센터에서는 그라운드봇의 측면 카메라 두 개가 보내 온 3D 영상도 볼 수 있다. 그라운드봇은 마이크와 스피커, 센서가 장착되어 있어 화재나 가스 누출, 심지어 약물까지 감시하고 탐지한다.

램씨Ramsee

4 **F2** 2016년 * 감마2 로보틱스 * 미국

램씨는 움직임과 침입, 연기, 화재 등 어떤 위험한 상황이든 분석하고 데이터를 실시간으로 전송하며 자율적으로 순찰한다. 한눈을 파는 일도 없고, 휴식을 취하는 일도 없다. 배터리가 떨어지지만 않는다면!

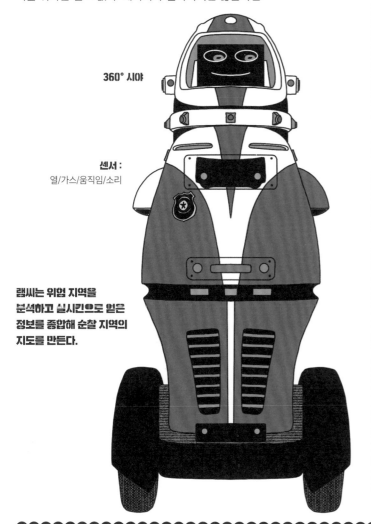

360° 시야

센서 :
열/가스/움직임/소리

램씨는 위험 지역을 분석하고 실시간으로 읽은 정보를 종합해 순찰 지역의 지도를 만든다.

앤봇Anbot

4 **C5**

2016년 * 국립국방기술대학교 * 중국

얼핏 보면 〈스타워즈〉 시리즈 속 R2-D2의 '사촌' 같지만, 앤봇은 공항에서 일하는 경찰이다. 이 자동 보안 요원은 여행자의 사진을 촬영해서 분석한다. 용의자를 제압해야 하거나 폭발물과 무기를 찾아야 할 경우, 전기 충격을 가할 수도 있다. 디지털 스크린(앤봇의 얼굴)으로 항공편 현황이나 공항 정보를 알려 주기도 한다.

POLICE

찰리 Charlie

2 4 F2

1990년 * 미국 중앙정보국(CIA) * 미국

로봇 물고기 찰리는 CIA에서 일한다. 메기처럼 생겼기 때문에 아무런 의심도 받지 않고 깊은 물속을 헤엄치며 물 샘플과 정보를 수집한다. 찰리가 어떤 임무를 하는지 알려진 내용은 별로 없지만, 그래도 찰리는 엄연한 스파이다! 무인 수중 장치의 선구자답게 꼬리를 움직여 실제 물고기처럼 앞으로 나아간다. 아울러 통신 장비도 있어서 기계를 조종하는 CIA 요원과 계속 교신한다.

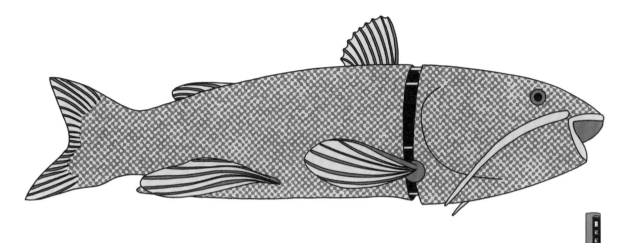

아스트로 Astro

4 E2 2021년 * 아마존 * 미국

이 가정용 로봇은 요청만 받으면 온 집안을 졸졸 따라다니며 돌아다닌다. 물론 바퀴로 이동하기 때문에 계단도 오를 거라 기대해서는 안 된다. 그 대신 좋아하는 음악을 틀어 달라고 하거나, 할머니께 영상 통화를 걸어 달라고 하거나, 동생에게 간식을 가져다주라고 요청할 수 있다. 아스트로는 얼굴 인식 기능이 있어서 만나는 가족 구성원을 구별한다. 게다가 여러분이 집을 비우고 외출하면, 아스트로가 이곳저곳 돌아다니며 집안을 살핀다. 이상한 일이 일어나면 영상과 경고도 보낸다. 아스트로가 세쿠리타스 로봇으로 인정받는 것도 바로 이 때문이다. 집 밖에서도 다리미의 플러그를 제대로 뽑아 놓았는지, 고양이가 아직도 잠자고 있는지 아스트로에게 물어볼 수 있다.

높이가 1m 이상인 잠망경 카메라가 있어서 무슨 일이 벌어지는지 녹화할 수 있다.

아스트로는 여러분을 졸졸 따라다니기 때문에 여러분은 돌아다니면서 영상 통화도 할 수 있다.

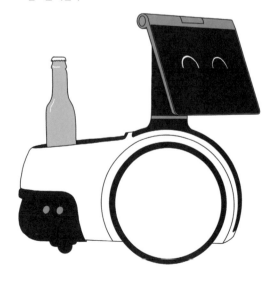

부엌에서 거실까지 음식이나 음료를 나른다.

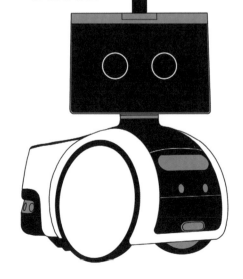

아스트로의 커다란 눈을 보면 사랑에 빠질걸….

교통경찰 로봇

4 E3 2019년 * 교통관리연구소 * 중국

로봇랜드에서 교통을 담당하는 경찰 로봇에는 모델이 세 가지 있다. 첫 번째 모델은 각 구역을 이동하는 사람을 모두 인식하며, 용의자를 식별해 낸다. GPS가 있어서 자율적으로 움직일 수 있고 카메라로 교통 위반 사항도 감지한다. 이 교통경찰 로봇은 교통정리를 하고, 운전면허증을 확인하고, 잘못 주차하면 사진도 찍는다. 로봇랜드에서는 교통 위반을 하면 벌금을 많이 물기 때문에 어떤 규칙이든 꼭 지키기를 바란다.

두 번째 모델은 경보 로봇이다. 사고 현장에서 정보를 수집하고 질서를 유지하도록 프로그래밍되어 있다. 세 번째 모델은 시민의 질문에 응답하고 길을 안내하며, 수상쩍은 주민이나 방문객이 보인다든지, 보안에 문제가 생기면 경찰에 알린다.

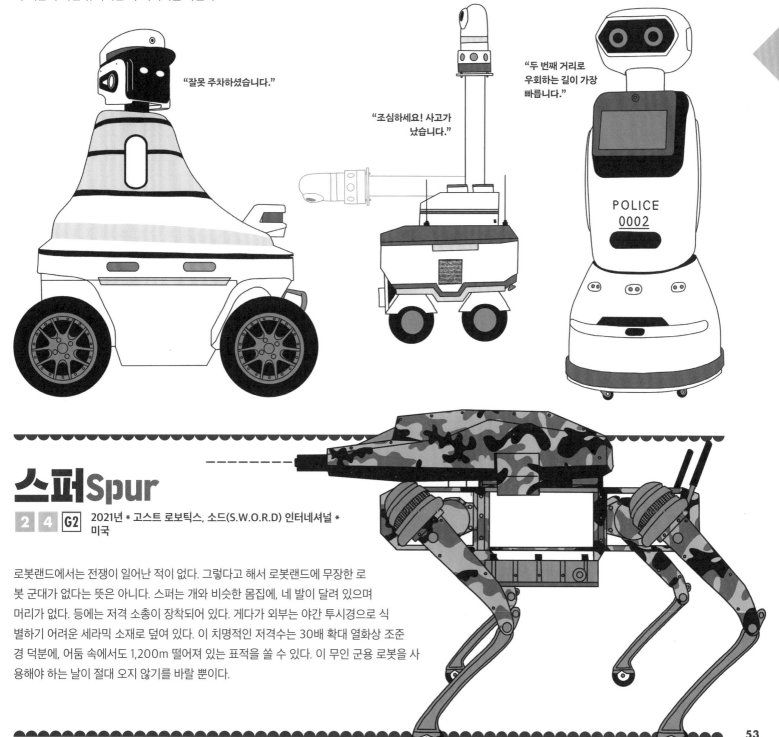

"잘못 주차하셨습니다."

"조심하세요! 사고가 났습니다."

"두 번째 거리로 우회하는 길이 가장 빠릅니다."

POLICE 0002

스퍼Spur

2 4 G2 2021년 * 고스트 로보틱스, 소드(S.W.O.R.D) 인터네셔널 * 미국

로봇랜드에서는 전쟁이 일어난 적이 없다. 그렇다고 해서 로봇랜드에 무장한 로봇 군대가 없다는 뜻은 아니다. 스퍼는 개와 비슷한 몸집에, 네 발이 달려 있으며 머리가 없다. 등에는 저격 소총이 장착되어 있다. 게다가 외부는 야간 투시경으로 식별하기 어려운 세라믹 소재로 덮여 있다. 이 치명적인 저격수는 30배 확대 열화상 조준경 덕분에, 어둠 속에서도 1,200m 떨어져 있는 표적을 쏠 수 있다. 이 무인 군용 로봇을 사용해야 하는 날이 절대 오지 않기를 바랄 뿐이다.

마징가 Z Mazinger Z

◯ 1 4 B5

1972년 * 나가이 고(본명: 나가이 기요시) * 일본

인간이 작은 비행선(파일더)을 타고 로봇의 머리에 도킹한 다음, 머리 내부에 탑승해 로봇을 조종한다.

마징가 Z는 사람이 로봇에 탑승한다는 개념을 세계 최초로 보여 준 유인 로봇이다. 아울러 '메카 장르'('메카닉mechanic'의 일본식 줄임말로, 보통 거대한 슈퍼 로봇이 등장하는 장르를 가리킨다-옮긴이)를 열었다고도 평가받는다. 만화책으로 먼저 출판되었고, 나중에 92부작 애니메이션 시리즈가 방영되었다. 시리즈의 줄거리를 간단하게 살펴보자. 광자력과 초합금의 권위자인 카부토 쥬조 박사는 어느 섬에서 거대한 기계 군단의 잔해를 발견한다. 그런데 섬 탐사를 책임지던 닥터 헬이 기계 군단을 복구하는 데 성공하고, 이 로봇을 통해 세계를 지배하려는 야심을 품는다. 일본으로 도망친 쥬조 박사는 마징가 Z를 만들어서 닥터 헬을 물리친다. 하지만 그는 끝내 닥터 헬 일당에게 암살당하고, 손자 카부토 코지에게 마징가 Z를 물려준다.

마징가 Z의 가장 유명한 무기 중 하나는 로켓 펀치다. "로켓 펀치!"라는 대사를 외치며 주먹을 날린다.

가부토 코지

마징가 Z를 조종하는 코지는 닥터 헬의 사악한 계획을 막아 내야 한다. 물론, 코지는 혼자가 아니다. 유미 사야카라는 여주인공이 아프로다이 A라는 로봇을 타고 코지와 함께 싸운다.

유미 사야카

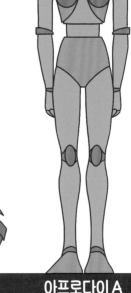

아프로다이 A

5

디비누스

종교에 봉사하는 로봇

무엇이든 가능한 판타지 세계가 아니라, 현실에서는 인간이 로봇의 창조주다. 하지만 로봇랜드 주민들은 자신의 창조주를 향한 종교적 신앙을 발전시키지 않았다. 로봇은 종교 의식이 없고, 종교를 만들어야 할 필요성도 느끼지 못하기 때문이다. 신을 숭배하고 사원을 짓고 경전을 쓰는 존재는 로봇이 아니라 인간이다.

인간은 고대부터 종교 분야에서 기술을 활용해 초자연적 현상을 불러일으키고 신성한 경외심을 자아냈다.

디비누스에는 인간의 다양한 종교가 공존한다. 이곳 주민들은 여러 종교 의례와 예배, 행사에서 봉사한다. 이곳에서는 함께 기도하고 설교하고 종교적 조언을 건네줄 영적 스승을 만날 것이다. 로봇은 신의 모습을 재현하여 신앙심이 매우 깊은 신자마저도 깜짝 놀라게 하고, 종교 제례에서 활약하며 독실한 방문객에게 경탄을 안겨 줄 수도 있다. 종교가 있든 없든, 디비누스에서는 꼭 종교 체험을 해 보길 바란다.

페퍼Pepper

`1` `5` `6` `E5` 2014년 * 알데바란 로보틱스(현재: 소프트뱅크 로보틱스) * 일본

페퍼는 사람의 감정을 인식하고 기분을 해석할 수 있다. 이 휴머노이드가 다양한 일자리에서 쓰이는 것도 이 능력 덕분이다. 페퍼는 피자를 배달하거나 기차역에서 정보를 알려줄 수 있고, 심지어 불교식 장례를 주관할 수도 있다. 닛세이에코 업체가 개발한 독경 소프트웨어 덕분에, 페퍼는 전통 예복을 입고 불교 장례식을 집전한다. 장례식에 참석하지 못한 가족이나 친지들에게 의식을 생중계하기도 한다.

페퍼는 진짜 승려처럼 불교의 가르침과 계율이 담긴 불경을 읽고 목탁을 칠 수 있다. 물론, 실제 승려를 불러서 의식을 치르는 것보다 가격이 훨씬 더 저렴하다.

설법

로봇 장례식

2006년, 소니는 유명한 로봇 강아지 아이보의 생산을 중단했다. 2014년에는 아이보에 기술 서비스를 제공하는 것마저 멈췄다. 로봇랜드 주민에게는 죽음 자체가 존재하지 않지만, 로봇 개가 고장 난다면, '사망'으로 간주한다. 로봇 수리 업체 에이펀A-Fun은 작동을 멈춘 로봇을 위해 장례식을 치른다. 또, 아직 쓸 수 있는 부품은 같은 종류의 다른 로봇으로 부활시킨다.

니사의 행진

`1` `2` `5` `12` `F4` 기원전 3세기 * 크테시비오스 * 헬레니즘 시기 이집트

축제는 로봇랜드가 관광객을 끌어들이는 주요 요인이다. 특히 고대 그리스의 축제에는 늘 경이로움이 숨어 있다. 다음 축제에서는 음악과 춤, 향기로 감각이 충만해지는 경험을 맛볼 수 있다. 게다가 신에게 기원하는 오토마톤도 있다! 프톨레마이오스 2세 필라델포스는 디오니소스를 기리는 대행렬을 열며 크나큰 자부심을 느꼈다. 프톨레마이오스 왕조의 수도 알렉산드리아는 축제 기간에 화려하게 치장했고, 포도주와 풍요의 신에게 성대한 행렬을 헌정했다. 퍼레이드가 시작되면 실레노스(디오니소스를 기르고 가르친 사티로스-옮긴이)와 사티로스(반인반수의 모습을 한 숲의 정령들), 디오니소스를 모시는 여사제들이 향을 든 아이들과 뒤섞인다. 어린 디오니소스를 젖 먹여 길렀던 님프 니사의 오토마톤도 행렬에 참가한다. 니사는 행진 도중 가끔 일어나서 우유를 땅에 뿌리는 헌주 의식을 행하고는 다시 않는다. 헬레니즘 수학자이자 공학자로 알렉산드리아 박물관의 초대 관장을 지낸 크테시비오스가 이 오토마톤을 만들었다고 한다.

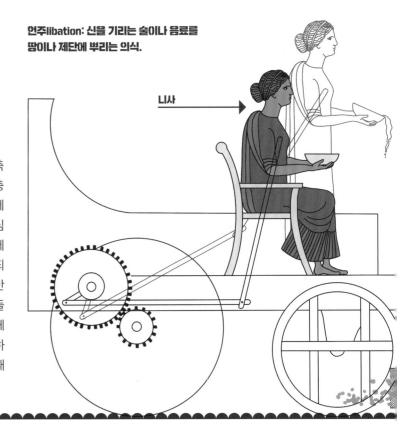

헌주libation: 신을 기리는 술이나 음료를 땅이나 제단에 뿌리는 의식.

니사

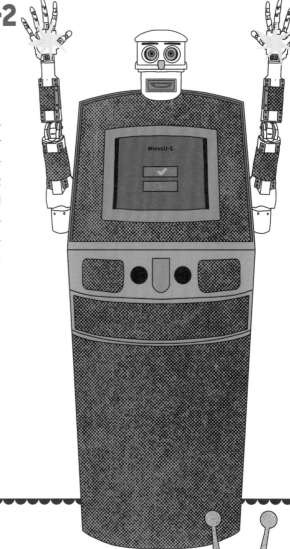

블레스유-2 BlessU-2

1 **5** **D6**

2017년 * 알렉산더 비데킨트클라인
Alexander Wiedekind-Klein * 독일

개신교를 믿든 안 믿든, 이 로봇 목사에게서 축복 기도
를 받을 수 있다. 먼저 터치스크린에 뜬 지시에 따라 다
섯 가지 언어 가운데 하나를 고르고 여성이나 남성 목
소리, 원하는 축복 기도를 고른다. 그러면 블레스유-2
가 조건에 맞춰 성경 구절을 암송한다. 로봇랜드 여행
을 마치고 나서도 추억을 간직할 수 있도록 그 구절을
인쇄하는 것도 가능하다. 블레스유-2가 하늘로 두 팔을
들어 올리고 손과 코에서 빛이 번쩍거리더라도 놀라지
말길. 축복이 시작되었다는 신호다.

이 거대한 기계 달팽이는 아테네 총독을 지낸
정치가이자 철학자 팔레론의 데메트리오스가
조직한 행렬보다 앞서서 움직인다.
스스로 움직이는 달팽이는
점액질도 내뱉는다.

산토 SanTO

1 5 **C7** 2018년 * 가브리엘레 트로바토 * 이탈리아, 페루

산토의 손을 만지면, 여러분에게 이름을 묻는다.

생생한 종교적 상징물에 대한 아이디어는 산토 덕분에 현실이 되었다. 인간과 대화를 나눌 수 있는 이 자그마한 로봇은 가톨릭 신앙에 관한 질문에 답하고 성경을 인용한다. 그날의 성인이 살아온 삶에 관해 이야기해 주기도 하고, 사람과 함께 기도하기도 한다. 산토는 얼굴이 없지만, 여러분이 가장 좋아하는 성인의 얼굴을 하도록 주문할 수 있다. 물론, 산토가 기적을 일으키리라고 기대해서는 안 된다.

산토는 여러분의 감정을 읽고, 그 순간에 알맞은 성경 인용문을 들려준다.

시안얼 Xian'er

1 5 **D7** 2015년 * 승려 시안판과 여러 협력 업체 * 중국

불교 승려의 특징인 노란 승복을 입은 시안얼을 보면 곧바로 어떤 종교를 따르는지 알 수 있다. 불교를 믿든 안 믿든, 용천사에 찾아가서 이 작은 로봇 승려와 이야기를 나눠 보기를 권한다. 시안얼은 여러분의 마음속 불안을 달래고자 적절한 경전을 암송한다. 운이 좋다면, 신비로움을 충만하게 체험할 수 있는 음악도 들려줄 것이다. 시안얼은 청년들에게 매우 유명하며, SNS 팔로워 수도 엄청나다.

수도사 오토마톤

1 5 **D6** 16세기 * 후아넬로 투리아노(조반니 토리아니) * 스페인

이 작은 수도사는 쉼 없이 기도하며 로봇랜드의 거리를 떠돌다가 워싱턴 D.C.의 국립미국사박물관에서 쉰다. 걸어 다니며 기도할 때는 입을 벌렸다가 닫았다가 하고, 눈알을 움직이고, 고개를 끄덕인다. 이뿐만 아니라 한 손으로는 가슴을 치고, 다른 손에는 십자가와 묵주를 들고 있다가 때때로 입술에 가져다 대고 입을 맞춘다.

요즘 로봇랜드 방문객이라면 이런 기계식 움직임에는 별로 놀라지 않을 것이다. 하지만 수도사 오토마톤에 얽힌 전설을 듣는다면, 분명히 마음을 사로잡힐 것이다. 이 기계 장치를 제작한 사람은 이탈리아 출신 공학자 조반니 토리아니(스페인에서는 후아넬로 투리아노로 불린다)라고 한다.

수도사 오토마톤은 나무와 철로 만들었다. 태엽을 감아 작동하는 시계 장치가 내부에 있어서 움직일 수 있다.

후아넬로 투리아노 JUANELO TURRIANO
1501~1585

이 무명의 천재는 크레모나(당시는 밀라노 공국의 영토였다)에서 태어났다. 처음에는 밀라노에서 활동했지만, 1529년에 톨레도로 이주해서 스페인 왕실에서 일했다. 시계 제작자이자 천문학자, 발명가, 공학자였던 투리아노는 높이가 거의 100m나 되는 톨레도 도심과 성으로 타호강(타구스강)의 물을 끌어오는 장치를 건설했다. 이뿐만 아니라 수도사 오토마톤이나 류트를 연주하는 귀부인 오토마톤 등 다양한 자동 장치도 만들었다. 그는 살면서 크나큰 명성을 얻었지만, 왕실로부터 보수를 제대로 받지 못해 비참하게 세상을 떠났다.

"어떠십니까, 폐하?"
"모르겠네, 후아넬로. 기적이라고 하기에는 조금 작은 것 같네만."

아마도 왕의 주치의 안드레아스 베살리우스 Andreas Vesalius가 물뇌증을 앓는 왕자의 두개내압 항진을 완화하려고 두개골 수술을 한 덕분에 수도사 오토마톤이 탄생할 수 있었을 것이다.

스페인 국왕 펠리페 2세의 아들이자 후계자인 돈 카를로스 왕자가 어느 날 사고를 당했다. 계단에서 넘어지는 바람에 머리를 문에 세게 부딪힌 것이다. 왕자는 염증 때문에 시력을 잃고 망상에 빠졌다. 내로라하는 의사들을 불렀지만, 왕자는 전혀 나아지지 않았다. 이 사고는 신의 징벌처럼 보였다. 당시 전 세계에서 가장 강력한 인물로 꼽혔던 스페인 국왕은 무력감을 느꼈다. 무엇을 더 해야 할지 알 수 없어 신에게 도움을 청하기로 했다. 그리고 신이 기적을 일으켜 준다면, 즉 왕자의 목숨을 살려 준다면 다른 기적으로 보답하겠다고 약속했다. 며칠 뒤, 왕자는 정말로 차도를 보였다. 점차 시력을 되찾더니 완전히 되살아났다.

왕자는 앓던 도중 꿈을 꾸었다. 꿈속에서 숨이 넘어가려는 그에게 프란치스코회 수도사가 나타나, 아직 때가 아니니 걱정하지 말라고 일러 주었다. 흥미로운 것은 왕이 정말로 프란치스코회 수도사의 신성한 힘에 기댔다는 사실이다. 한 세기 전에 사망한 유명한 수도사 디에고 데 알칼라Diego de Alcalá의 유해를 왕자의 침대 발치에 놓아두었던 것이다.

이후 펠리페 2세는 신의 은총에 보답하고자 최고의 시계공을 불러들였다. 그리고는, 장엄한 기적을 일으켜 이미 성인의 반열에 올라선 수도사를 복제한 기계를 제작하라고 분부했다.

수조의 호루라기에 붙은 물잔 때문에 새가 지저귈 수 있다.

운세 기계

2 **5** **12** **F4** 1세기 * 헤론 * 로마제국의 이집트 속주 알렉산드리아

헤론의 운세 기계는 점을 쳐서 운세를 알려 주는 장치 중 가장 오래된 것이다. 미리 경고하건대, 이 운세 기계는 기말고사에 어떤 문제가 나올지는 알려 주지 못한다. 로또 번호도 알려 주지 않는다. 사실, 이 기계는 미래를 알기 위해 신전을 방문해서 기꺼이 대가를 치르려는 신실한 사람들의 질문에 '예' 또는 '아니오'로만 대답한다.

먼저 기계에 질문한 다음 바퀴를 돌리고 기다려야 한다. 그러면 신이 기계 위 새의 입을 빌려 대답한다. 톱니바퀴와 새끼줄, 도르래로 구성된 메커니즘 덕분에 새는 긍정적인 대답일 때 노래하고, 부정적인 대답일 땐 침묵을 지킨다. 이의 신청은 받아 주지 않는다.

멤논의 거상

○ **1** **5** **C7**

기원전 14세기경 * 아멘호테프 3세 * 고대 이집트

기계 팔이 달렸거나 눈에서 불을 내뿜는 신들의 조각상은 고대 이집트의 전통이다. 하지만 돌로 만든 거대한 조각상의 노래를 듣는 일은 그리 흔치 않다. 멤논의 거상이 부르는 노래는 이제 전설이 되어 버렸지만, 경이로운 고대 이집트를 온몸으로 느끼고 싶다면 나일강 서안에 있는 유적을 꼭 방문하길 바란다.

파라오 아멘호테프 3세는 자신의 장제전mortuary temple(죽은 왕의 영혼에 제사를 지내던 신전-옮긴이) 입구를 보호하기 위해 거대한 석상을 한 쌍 만들라고 명령했다. 파라오이자 신을 재현한 쌍둥이 거상은 무릎에 두 손을 얹은 채 왕좌에 앉아서 떠오르는 태양을 바라본다. 그런데 지진이 두 차례 일어나서 석상에 금이 갔다. 그 탓에 동틀 무렵이면 북쪽에 있는 거대한 석상이 구슬픈 노래를 부른다. 고대 그리스 역사가 스트라본은 그 자신은 물론 저명한 순례자들이 석상의 애가를 들으러 이집트 룩소르를 찾았다고 기록했다. 운이 좋으면 보통 해 뜰 녘에 노래를 들을 수 있었다.

바람이 석상의 갈라진 틈 사이로 지나가면서 소리를 낸다는 설이 가장 널리 알려져 있다. 추운 밤에서 더운 낮으로 넘어가는 시점에 석상이 진동하며 소리를 냈다는 지적도 있다. 어쨌거나 3세기에 셉티미우스 세베루스 황제가 석상을 보수하기 전에 꼭 방문해야 한다. 거상은 보수를 마친 뒤엔 내내 침묵을 지킬 것이기 때문이다.

그리스인들은 아멘호테프 3세의 조각상에 새벽의 여신 에오스의 아들이자 트로이전쟁의 영웅인 멤논의 이름을 붙였다. 날마다 지평선에 새벽이 모습을 드러내면 구슬픈 울음으로 맞이하는 모습이 어머니를 맞는 멤논 같았기 때문이다.

우우우우우우우

신전의 자동문

5 **11** **12** **D9** 1세기 * 헤론 * 로마제국의 이집트 속주 알렉산드리아

신전의 문은 자동으로 열리는데, 초자연적인 힘이 깃들어 있는 듯하다. 신앙심이 깊은 사람들은 '신성한 기적'을 찬미하려고 신전을 찾지만, 이를 만든 헤론의 의도는 천상의 존재와는 무관하다. 하지만 그가 만든 특수한 효과 덕분에 그는 마술사로 평가받는다.

신전을 방문하면 제단에 의례용 불을 피워서 문을 여는 장치를 가동할 수 있다. 요금을 추가로 더 내면 숨겨 놓은 기계 장치를 더 볼 수 있다. 문이 열리는 것을 본다면, 신전 안을 꼭 들여다보기를 바란다. 당대 이집트에서 숭배한 신을 믿는 방문객이라면 기도도 올릴 수 있다.

헤론은 규모가 더 작은 자동문 장치에 관해 언급한 바 있다. 아무래도 메커니즘을 가리킨 듯하다. 하지만 로봇랜드에서는 이 자동문을 실제 크기로 재건했다.

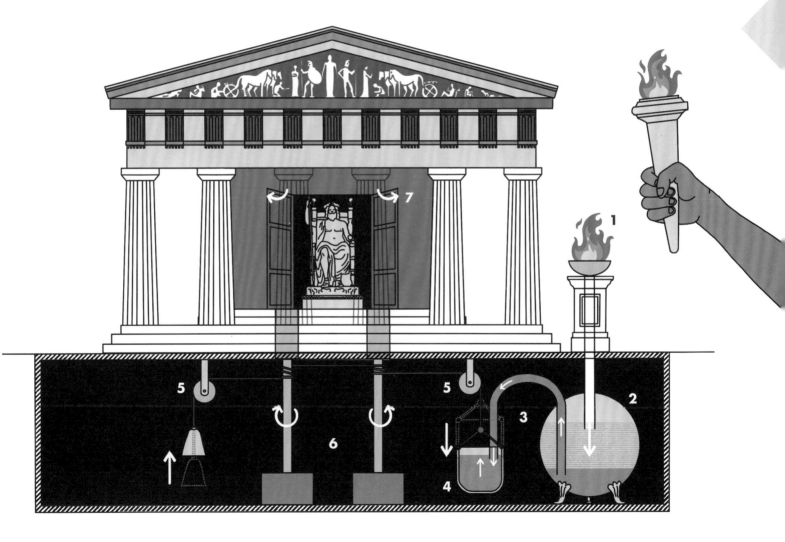

1. 제단에 불을 붙인다.

2. 수조 속 공기가 뜨거워지면서 부피가 팽창한다.

3. 팽창한 공기에 밀려난 물이 사이펀을 통해 다른 수조로 옮겨 간다.

4. 무게 추 역할을 하는 수조에 물이 차면, 도르래와 밧줄로 만든 장치(5)가 가동하고 신전 문에 연결된 기둥(6)이 돌아간다. 그러면 문(7)이 '저절로' 열린다.

5. 제단의 불이 꺼지면 반대 과정이 일어나며 문이 저절로 닫힌다.

아이페어리 I-Fairy

1 5 6 E6 2010년 * 코코로 * 일본

로봇랜드 주민은 사랑할 능력이 없고, 결혼에도 관심이 없다. 하지만 아이페어리처럼 인간의 결혼식에서 주례를 보는 로봇은 있다. 아이페어리도 다른 로봇들과 마찬가지로 여러 업무를 동시에 맡을 수 있다. 예를 들면, 박물관에서 일하다가 여러분의 결혼식에 나타나 주례를 설 수 있다. 그럴 때면 여러분 인생에서 가장 행복한 결혼식 날이 잊지 못할 순간이 되도록 머리에 꽃 장식을 하고 나타날 것이다. 하지만 아이페어리가 제자리에서 일어나리라고는 기대하지 않길 바란다.

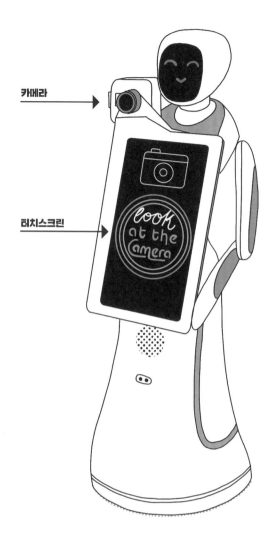

카메라

터치스크린

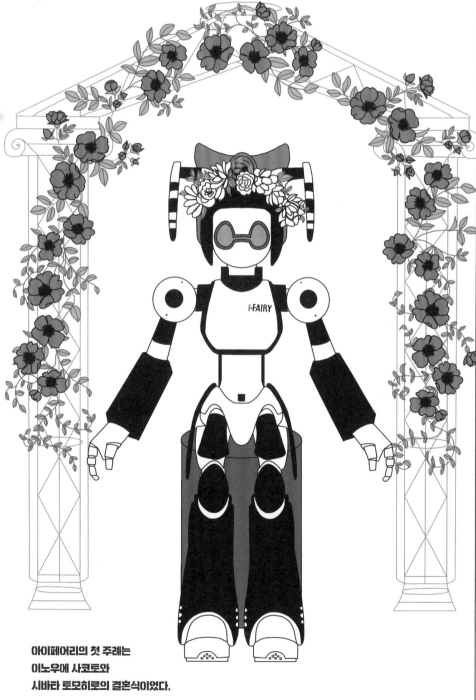

아이페어리의 첫 주례는 이노우에 사코로와 시바타 토모히로의 결혼식이었다.

사진 촬영 로봇 에바 EVA

1 5 6 D6 2019년 * 서비스로봇닷컴 * 영국

로봇랜드에는 결혼식에 필요한 모든 서비스가 있다. 물론 사진사도 있다. 에바는 결혼식 사진을 전문으로 찍는 사진사는 아니지만, 하객 사이를 자율적으로 오가면서 특별한 날의 추억으로 남을 재미있는 사진을 찍도록 권한다. 에바가 찍어 준 스냅 사진은 SNS 계정에서 공유할 수도 있고 인쇄할 수도 있다. 결혼식뿐만 아니라 세례식이나 영성체, 바르미츠바(유대교 소년의 성인식-옮긴이) 등 어떤 축하 행사에도 에바를 부를 수 있다.

6
라보라레

노동으로부터의 자유를 위한 로봇

솔직히 말해서, 일하지 않는 것은 모든 인간이 꿈꾸는 소망이다. 일에서 해방되고 싶은 욕망은 노동을 대신해 주는 로봇 개발로 이어졌다. 특히 집안일처럼 따분하고 재미없는 일에서 벗어나고 싶다. 대체 누가 유리창 닦는 일을 좋아할까? 하고 싶지 않은 일은 끝도 없이 많다. 대단히 위험한 일, 홀로 외롭게 해야 하는 일, 머나먼 곳에서 해야 하는 일, 반복적이고 틀에 박힌 일 등. 그런 까닭으로 탄생한 라보라레의 주민들은 작업을 더 빠르고 정밀하게 완수할 수 있고, 우리가 잃어버린 기술을 활용할 수도 있다.

로봇랜드에서는 인간의 노동을 수월하게 하는 로봇을 높이 평가하고, 인간과 로봇의 협업을 권장한다. 공상과학 소설이나 영화 때문에 로봇이 인간의 일자리를 빼앗아 가리라는 의심이 널리 퍼졌지만, 로봇은 인간을 대체할 수 없다. 로봇의 임무는 가장 지루한 작업에서 인간을 해방시키는 것이다. 덕분에 우리는 창의적인 일에 더 집중할 수 있다. 요즘 집이나 농촌, 들과 밭에서는 물론 의료센터에서도 로봇을 만난다. 로봇들과 함께 일하면 다른 곳에 쏟을 자유와 시간이 늘어난다.

지금쯤 여러분은 방을 청소하고 정리해 주는 로봇을 어디에서 살 수 있는지 생각하고 있을 것이다!

바이센테니얼맨
Bicentennial Man

◯ 1 6 K6 1976년 * 아이작 아시모프 * 미국

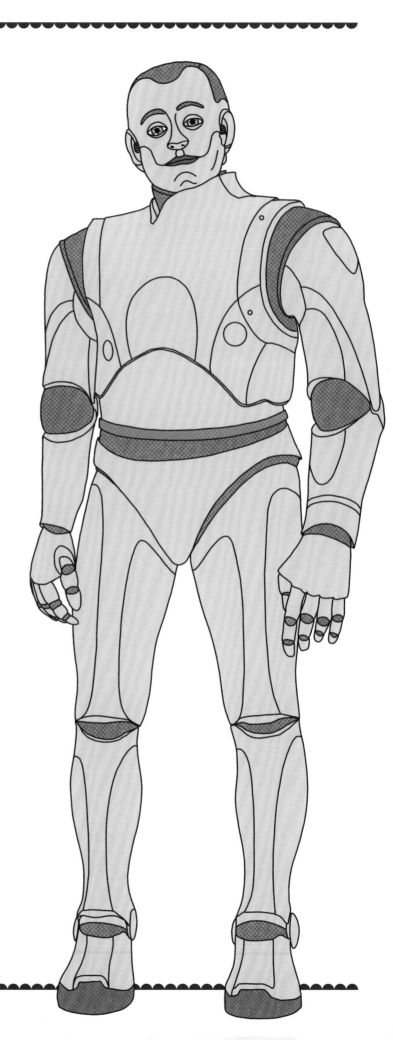

아이작 아시모프의 과학소설 〈바이센테니얼맨〉에서 마틴 가족은 2005년에 집안일을 시킬 NDR 시리즈 로봇 '앤드루'를 집으로 데려온다. 그런데 앤드루는 프로그래밍되지 않은 창의성을 보여 주기 시작하고, 심지어 마틴 가족의 막내딸 어맨다에게 감정을 느끼기까지 한다. 앤드루는 창의성을 살려 시계 제조공이 되고, 큰돈도 번다. 다만 인간의 권리가 없기 때문에 마틴 가족의 가장이 그의 수입과 계좌를 관리해 준다.

시간이 흐르자 앤드루는 표정마저 감정에 따라 자연스럽게 짓는다. 그는 자유를 갖고 싶어 하지만, 독립만을 허락받고 바닷가에 집을 지어 생활한다. 앤드루는 독립하고 나서도 어맨다와 연락하며 지내지만, 결국 외로움을 이기지 못하고 자신처럼 감정을 느끼는 다른 NDR 로봇을 찾아 떠난다. 한참을 모험하던 그는 마지막 남은 동일 기종 로봇 갈라테아를 만난다. 갈라테아는 NDR 로봇 개발자의 아들 루퍼트 덕분에 여성스러운 외모와 개성을 갖추고 있다. 앤드루도 루퍼트의 도움으로 마침내 인간다운 외모를 얻는다.

세월이 흘러 어맨다는 어느덧 노인이 되었고, 어린 시절의 자신과 꼭 닮은 손녀 포샤가 있다. 어맨다가 세상을 뜨자 앤드루는 자신이 아끼는 모든 사람이 결국에는 죽음을 맞으리라는 사실을 깨닫는다. 영생을 포기하고 인간이 되고 싶었던 앤드루는 다시 한번 루퍼트에게 도움을 청한다. 이제 앤드루는 겉모습만 사람 같은 것이 아니라, 진짜 사람처럼 음식을 먹을 수도 있고 감정을 느낄 수도 있고 심지어 늙기까지 한다. 포샤와 사랑에 빠진 앤드루는 자신을 인간으로 인정해 달라고 세계회의에 청원을 낸다. 승인 거절과 재심사를 거친 후 2205년, 200살을 맞은 앤드루는 마침내 임종 직전에 인간으로 인정받는다.

여러분은 로봇랜드의 선물 가게에서 이 소설을 살 수 있다. 아울러 라보라레 노선에 있는 영화관에 가면, 소설을 각색한 영화도 감상할 수 있다.

크리스 콜럼버스 감독의 영화 〈바이센테니얼맨〉(1999년)에서 배우 로빈 윌리엄스가 앤드루를 탁월하게 연기했다. 우리가 가장 좋아하는 앤드루 캐릭터다.

집사 오토마톤

⚪ **1** **6** **H7** 13세기 * 성 대 알베르토 * 독일

이 로봇은 실제로 존재하는지 아닌지 확실히 알 수 없기 때문에 허구에 속한다. 어쨌거나 라보라레의 거리에는 성인으로 추앙된 신학자이자 과학자, 도미니크회 수도사인 대 알베르토가 쇠로 만든 인조인간을 집사로 부린다는 소문이 무성하다. 운이 좋으면 그 인조인간이 걸어 다니는 모습이나 정중하게 손님을 맞이하며 문을 여는 광경을 볼 수도 있다. 물론, 다른 소문도 있다. 대 알베르토의 제자인 성 토마스 아퀴나스가 집사 오토마톤을 악마의 소행으로 여기고 파괴해 버린 탓에 더는 이 기계를 찾아볼 수 없다고 한다. 혹시 집사 오토마톤을 우연히 만난다면, 반드시 신고해 주길 바란다. 그래야 당국이 이 장치의 상황을 바로잡을 수 있다. 생긴 모습은 이렇다.

피자 로봇 브루노Bruno

6 **J6** 2017년 * ABB 로보틱스, 줌 피자 * 스위스, 미국

캘리포니아 팰로앨토에 있는 줌 피자 가게에는 인간 동료와 함께 피자를 만드는 협동 로봇이 여럿 있다. 브루노도 그 가운데 하나다. 이들의 협업 덕분에 우리는 22분 만에 피자를 집에 가져갈 수 있다.

우선, 도우봇Doughbot이 단 9초 만에 반죽을 넓게 밀어서 컨베이어 벨트에 올려놓는다. 그러면 다른 로봇이 반죽 위에 소스를 뿌린다. 세 번째 로봇 마르타Marta가 소스를 골고루 펴 바르면, 사람이 토핑을 얹는다. 세 번째 과정이 22초 만에 끝나면 브루노의 로봇 팔이 작동한다. 브루노는 피자를 집어 뜨거운 오븐에 넣고 1분 동안 구운 뒤 인간 동료에게 건넨다. 마무리를 맡은 사람이 피자를 자르고 포장해서 고객에게 전달한다.

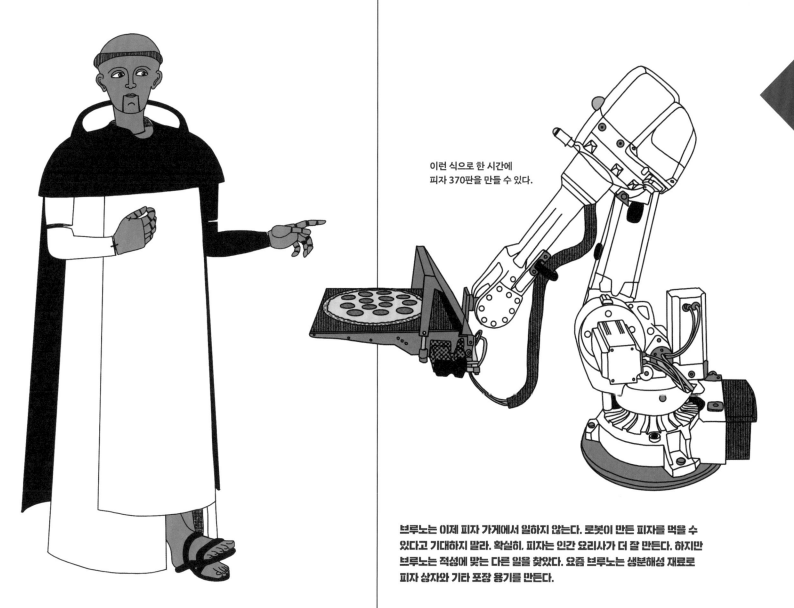

이런 식으로 한 시간에
피자 370판을 만들 수 있다.

브루노는 이제 피자 가게에서 일하지 않는다. 로봇이 만든 피자를 먹을 수 있다고 기대하지 말라. 확실히. 피자는 인간 요리사가 더 잘 만든다. 하지만 브루노는 적성에 맞는 다른 일을 찾았다. 요즘 브루노는 생분해성 재료로 피자 상자와 기타 포장 용기를 만든다.

퓨마PUMA

6 **I6**　1978년 * 유니메이션 * 미국

퓨마Programmable Universal Machine for Assembly(프로그래밍 가능한 만능 조립 기계)는 빅터 샤인먼Victor Scheinman이 유니메이션에서 처음 개발한 산업용 로봇 팔이다. 샤인먼은 스탠퍼드대학교에 다니던 시절에 로봇 팔을 설계한 경험이 있었다. 퓨마는 회전하는 연결부 여섯 개를 가지고 있어, 조립 라인에서 작업을 할 수 있을 뿐만 아니라, 용접이나 페인트칠도 할 수 있다. 퓨마는 모델이 많이 나왔지만, 워싱턴에 있는 스미스소니언 협회의 국립미국사박물관에 가면 프로토타입(대량생산을 시작하기 전에 시험 삼아 생산한 제품-옮긴이) 원본을 볼 수 있다.

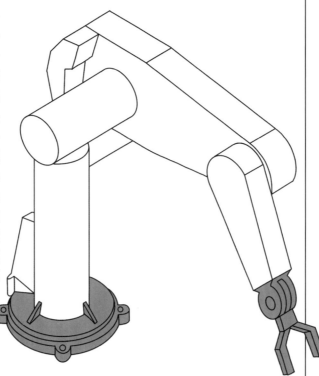

아미봇 글래스 엑스라인
Amibot Glass XLine

6 **E7**　2020년 * 아미봇 * 프랑스

로봇랜드 건물들의 유리창은 로봇 유리창 청소부 덕분에 언제나 티끌 하나 없이 깨끗하다. 가장 뛰어난 유리창 청소부는 아미봇 글래스 엑스라인 AGX 50이다. 이 로봇은 창문이 수평이든 수직이든 경사지든, 상관없이 모든 유리창에서 작업이 가능하다. 먼저 모터가 달린 회전 원판 두 개로 청소할 유리창에 딱 달라붙는다. 그런 다음 처음에는 세제 없이, 나중에는 세제를 뿌려서 창문을 문지르고 얼룩을 없앤다. 사람이 원격 제어로 아미봇을 작동시킬 수도 있지만, 로봇이 자율적으로 움직일 수도 있다.

스톡봇
StockBot

6 **F8**　2014년 * 팔PAL 로보틱스 * 스페인

로봇랜드에서는 스톡봇이 재고 보충 시스템을 통제하기 때문에 모든 매장이 언제나 더할 나위 없이 완벽한 상태로 관리된다. 슈퍼마켓이나 다양한 가게에 가면 스톡봇을 찾아볼 수 있을 것이다. 이 로봇은 주변 사람들과 함께 움직이거나 시시각각 변하는 공간에서 이동하는 데 익숙하지만, 그래도 방해하지 않도록 주의해야 한다. 재고를 정리하는 중이니까!

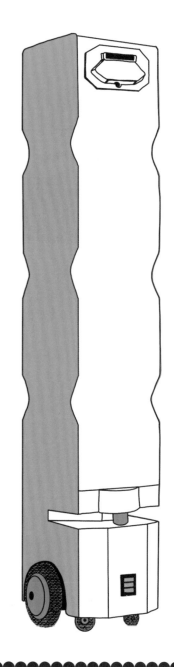

키바Kiva

6 **D4** 2014년 * 아마존 로보틱스 * 미국

키바는 미국 회사 아마존의 창고에서 일한다. 주문이 들어오면, 바닥에 배치된 바코드에 따라 해당 상품과 가장 가까운 로봇이 선반 사이로 빠르게 움직인다. 센서가 있어서 다른 키바나 사람과 충돌하지 않으며, 무언가 감지하면 곧바로 멈춘다. 원하는 제품이 놓인 선반에 도착하면 선반 아래로 미끄러져 내려간다. '코르크스크루'라고 부르는 시스템으로 선반을 통째로 들어 올려 작업자에게 가까이 가져간다. 그러면 작업자가 고객에게 보낼 상품을 꺼낸다.
전자상거래 업계의 또 다른 거물 업체 알리바바도 키바와 비슷한 로봇 퀵트론Quicktron을 사용한다.

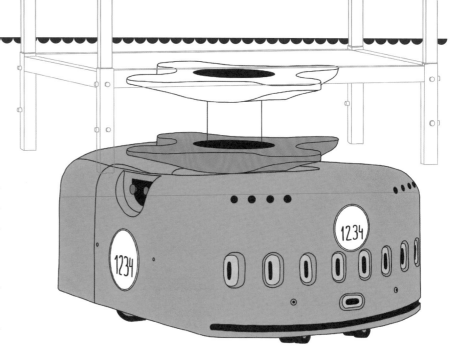

배터리가 부족하다고 감지하면 충전소로 이동한다.

스웨그봇SwagBot

6 **C3** 2016년 * 어거리스, 호주 시드니대학교 필드로봇센터 * 호주

스웨그봇은 양치기 개나 소몰이 개를 대신하는 로봇이다. 물론, 겉모습만 보면 그런 생각이 들지 않는다. 이 로봇은 차체 역할을 하는 작은 상자에 바퀴 달린 다리가 네 개 장착되어 있다. 독립 현가 방식의 사륜구동 차량이라 어떤 지표면에서든 쉽게 움직인다. 아울러 사람이 조종할 수도 있지만, AI가 있어서 자율적으로 이동한다. 호주 시골의 들판에서 가축을 보살피고 길을 안내하며, 잡초를 발견하면 약을 뿌려서 죽인다.

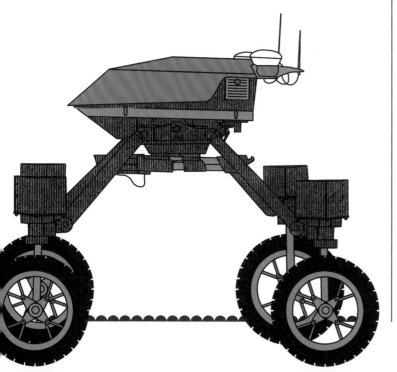

드론 벨루티나Drone Velutina

6 **C3** 2020년 * 아에로카마라스 * 스페인

긴 막대

만약 위험한 동물을 연구한다면, 요즘 미국에서 아시아 거대 말벌(장수말벌)이라는 곤충이 골칫거리라는 사실을 잘 알 것이다. 하지만 벨루티나라는 드론이 이 곤충을 막고 있으니 걱정하지 않아도 괜찮다. 벨루티나는 작업자가 멀리 안전하게 떨어져 있는 상태에서 단 15분 만에 작업을 마친다. 말벌 둥지를 발견하면 내부에 긴 막대를 찔러 넣고, 정밀 카메라로 관찰하며 독액을 단 한 방울도 떨어뜨리지 않고 둥지에 흘려 넣는다. 덕분에 아무런 인명 피해 없이 말벌 둥지를 무력화할 수 있다.

신체장애가 있는 방문객은 로봇 서비스를 이용하며 즐겁고 편안하게 로봇랜드를 둘러볼 수 있다. 로봇랜드에는 과거부터 현대까지 다양한 시대에 만든 도우미 로봇이 있다. 이동을 물리적으로 도와주는 현대 로봇들은 사용자가 무엇을 원하는지, 또 얼마나 스스로 움직일 수 있는지 분석한다. 로봇이 얼마나 도울지 측정하는 일은 매우 중요하다. 로봇이 도가 지나치게 도와준다면, 사용자는 남은 능력마저 잃어버리고("로봇이 나 대신 노력하니까 나는 애쓰지 않을래.") 자율성을 유지하기 위한 활동을 전혀 해내지 못할 수 있기 때문이다.

자신의 요구 사항에 맞는 최상의 이동 지원 로봇을 찾아보길 바란다.

휠체어 오토마톤Electric Walking Automaton

1 **6** **17**   1890년 * 조지 B. 무어 * 미국

이 오토마톤의 임무는 휠체어를 미는 일이다. 강철과 목재로 만든 이 우아한 기계는 콧수염과 회색 정장, 흰 셔츠, 잘 어울리는 모자까지 갖추고 당대의 패션을 뽐낸다. 더욱이 때와 장소에 어울리도록 다양한 옷도 여러 벌 준비해 두었다. 이 오토마톤은 인간의 움직임을 충실하게 모방하기 때문에 걸음걸이가 무척 자연스럽다. 예의범절도 훌륭해서, 이용자를 맞이할 때 모자를 벗고 인사한다. 로봇랜드 여행을 예약할 때 이 오토마톤 서비스를 요청할 수 있다.

아이봇iBot

6 **D4**   1999년 * 데카DEKA * 미국

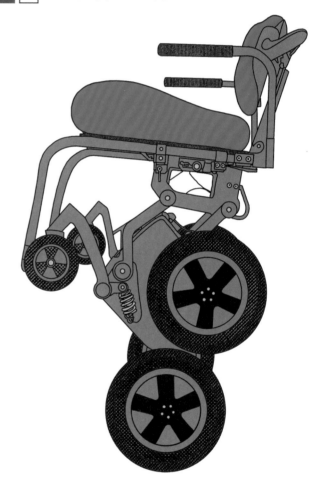

아이봇은 어느 상황에서나 사용할 수 있는 전동 휠체어다. 전동 바퀴 두 세트 덕분에 계단을 오르내리거나 다양한 지형을 이동할 수 있다. 심지어 두 바퀴로 설 수 있어서 이용자가 다른 사람의 눈높이에 맞춰 앉을 수도 있고, 평소 앉은 자세로는 불가능했던 일도 할 수 있다. 아이봇은 개발 후 몇 년 동안 진화를 거듭했다. 특히 21세기에는 제조사 데카가 도요타와 협력해서 더 나은 이동 지원 서비스를 제공한다.

다빈치 시스템
Da Vinci System

6 16 2000년 * 인튜이티브 서지컬 * 미국

로봇랜드의 병원들은 성공적인 다빈치 수술 시스템을 자랑한다. 인간 외과 의사와 협업하는 이 로봇은 최소침습수술(필요 부위에 작은 구멍을 뚫고 카메라와 의료 기구를 넣어서 수술하는 방식으로 통증이 적고 흉터가 거의 없다-옮긴이) 방식으로 복잡한 수술을 완수하고 환자의 회복을 돕는다. 또한 개발된 이후로도 20년 넘게 발전을 거듭하며 더 개선된 버전을 보여 주고 있다.

다빈치 시스템을 사용하면, 집도의가 수술 부위에 접근하기 까다로운 경우라도 문제없다. 개복 수술의 장점과 복강경 수술의 장점을 합해 시야를 넓게 확보할 수 있고, 동시에 수술 부위 접근성도 높다.

이 로봇 덕분에 의사는 더 정밀하고 안전한 수술 기술을 활용할 수 있다. 환자는 통증과 상처가 적어 빠르게 회복할 수 있다. 다시 말해 입원 시간이 줄어든다.

여러분이 신뢰하는 외과 의사가 따로 있더라도 걱정할 필요 없다. 그 의사가 다빈치 시스템을 통해 로봇랜드 외부에서도 원격으로 수술할 수 있다.

할HAL

6 E4 2004년 * 사이버다인, 쓰쿠바대학교 * 일본

척수에 손상을 입은 방문객은 할Hybrid Assistive Limb(하이브리드 인체 보조 장치)을 이용하면 된다. 할은 이용자를 거의 사이보그처럼 만드는 외골격 장치다. 이용자는 그저 생각만으로도 이 로봇 슈트를 움직일 수 있다. 할의 센서는 뇌에서 근육으로 전달하는 신호를 감지한다. 그러면 할은 뇌의 신호대로, 즉 몸이 실제로 움직여야 하는 대로 반응해서 이용자가 걸을 수 있게 해 준다.

뇌가 어떤 명령을 내릴지 알려면 어느 정도 움직일 수 있어야 한다.

할은 재활 운동에도 사용한다.

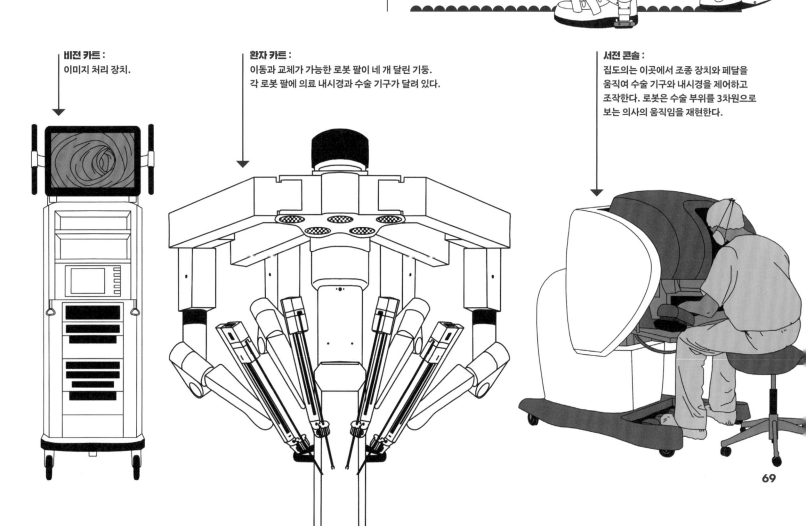

비전 카트:
이미지 처리 장치.

환자 카트:
이동과 교체가 가능한 로봇 팔이 네 개 달린 기둥. 각 로봇 팔에 의료 내시경과 수술 기구가 달려 있다.

서전 콘솔:
집도의는 이곳에서 조종 장치와 페달을 움직여 수술 기구와 내시경을 제어하고 조작한다. 로봇은 수술 부위를 3차원으로 보는 의사의 움직임을 재현한다.

티아고++ TIAGo++

티아고는 노인이나 환자에게 크나큰 도움이 된다. 이 케어 로봇은 약을 먹어야 하는 시간이나 식사 시간을 알려 주기도 하고, 물건을 가져다주기도 하며, 미리 표시해 둔 물건이 사라지면 찾아 주기도 한다(이제는 열쇠를 잃어버렸다고 해서 허둥댈 필요가 없다!). 그뿐만 아니라 사람의 생체 신호를 모니터링하고, 침대에서 일어나 옷 입는 것도 도와준다.

카르메 토라스 CARME TORRAS
1956~

스페인의 수학자이자 로봇공학 전문가, 소설가. 스페인 국립연구위원회(CSIC)의 연구 교수이며, CSIC와 카탈루냐공과대학교의 공동 연구센터인 로봇 및 정보 산업 연구소에서 지각 및 조작 연구 그룹을 책임지고 있다. 토라스는 티아고처럼 요양원이나 의료센터에서 사용하는 AI 탑재 케어 로봇을 개발하는 연구소를 추진하고 있다. 또한, 직물을 다루고 옷을 개는 로봇을 개발하는 유럽 프로젝트 '클로틸드Clothilde'도 이끈다. 프로젝트가 성공한다면 로봇이 침대 시트를 갈고, 세탁기를 돌리고, 옷 입기를 도와줄 것이다.

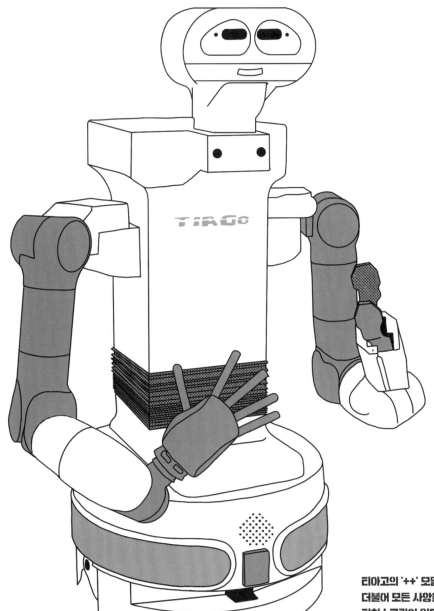

티아고의 '++' 모델에는 팔이 두 개 달려 있다(이전 모델에는 하나밖에 없었다). 더불어 모든 사양을 특정 사용자에게 맞춰서 설정할 수 있다. 일부 모델에는 몸통에 터치스크린이 있다.

7

템푸스

시간을 측정하는 로봇

템푸스 노선의 로봇들을 보면 과연 로봇인가 하는 의문이 생길지도 모른다. 그저 시계일 뿐인데, 로봇이라니? 로봇랜드에 처음 찾아오는 방문객은 시계란 단순히 시간을 측정하는 장치라고 말할 것이다. 물론 틀린 말은 아니다. 하지만 로봇랜드 여행을 마치고 나면, 시계와 로봇에 대한 시야가 확장될 것이다.

인간은 태초부터 해와 달, 철새 등 자연에서 순환하는 대상들을 보며 시간의 흐름을 측정해 왔으며, 이를 수량으로 나타냈다. 이 방법은 농작물 수확 시기를 계산하는 데에는 괜찮았지만, 정확도가 낮아서 다른 목적으로는 사용하지 못했다. 그래서 점점 더 복잡하고 정밀한 기계 장치가 개발되기 시작했다. 이처럼 시계와 함께 기계 분야가 발전했으므로 시계가 로봇랜드의 주민이 된 것은 당연하다. 게다가 장난기 있고 연극적인 것을 좋아하는 발명가들은 사람들을 놀라게 하고 싶은 마음에 시계와 시계를 장식하는 오토마톤을 통합했다.

자동 장치를 이용해 시계에 생동감과 재미를 불어넣으려는 경향 때문에, 시간을 알고자 하는 초기 목적에서 종종 벗어나는 시계도 생겨났다.

템푸스 노선을 여유롭게 둘러보길 바란다. 다양한 시대에 만든 각양각색의 시계를 만날 수 있을 것이다. 동양과 서양의 기발한 장치를 구석구석 살펴볼 수도 있고, 일부 정류장에서는 오직 책에서만 등장하는 시계도 실물로 확인할 수 있다. 당장 출발해 보자!

가자의 시계

1 **7** **12** **F10** 6세기 * 제작자 미상 * 로마제국의 시리아 속주

다른 고대의 불가사의처럼, 우리는 '에크프라시스ekphrasis'('예술 작품 묘사'라는 뜻으로, 시각적인 작품을 언어로 정밀하게 표현하는 고대 그리스의 수사학 기법-옮긴이) 덕분에 이 비잔틴 물시계를 자세히 알 수 있다.

처음에는 비잔틴 시대에 수사학자로 활동했던 코리키우스Choricius of Gaza가 가자의 시계에 관해 에크프라시스를 남긴 주인공으로 알려졌지만, 훗날 그의 스승 프로코피우스Procopius of Gaza가 실제 저자로 밝혀졌다. 그의 묘사가 어찌나 상세한지, 글을 읽다 보면 마음속에 시계가 아주 선명하게 떠오른다.

프로코피우스의 글에 따르면, 여러 자동 장치로 구성된 이 물시계는 높이가 6m나 되며 거의 연극 무대나 다름없다.

A.
고르곤

B.
밤에 시간을 알려 주는 문

C.
낮에 시간을 알려 주는 문

D.
헤라클레스 신전

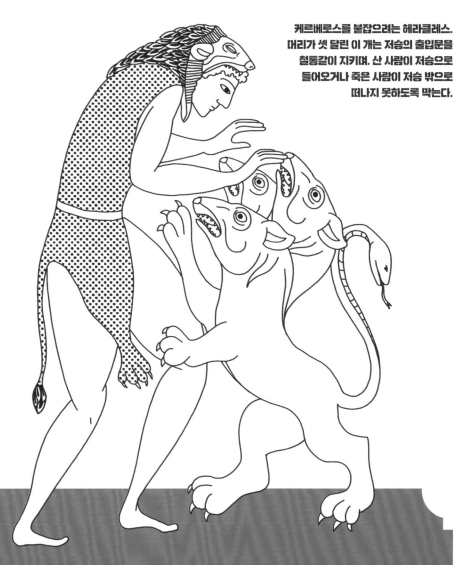

케르베로스를 붙잡으려는 헤라클레스. 머리가 셋 달린 이 개는 저승의 출입문을 철통같이 지키며, 산 사람이 저승으로 들어오거나 죽은 사람이 저승 밖으로 떠나지 못하도록 막는다.

위에서 아래로:

A. 고르곤이 시간에 따라 눈을 움직인다.

B. 위층의 문 12개가 밤 열두 시간 동안 시간을 표시한다.

C. 아래층의 문 12개가 낮 열두 시간 동안 시간을 표시한다. 매시 정각이 되면, 손에 지구를 쥔 태양신 헬리오스가 그 시간에 해당하는 문을 가리키며 지나간다. 그러면 문이 열리고 헤라클레스의 12가지 과업 가운데 하나를 보여 준다. 처음 보여 주는 장면은 첫 번째 과업인 네메아의 사자를 죽이는 일이다. 이와 동시에 문 위에 앉은 독수리가 날개를 활짝 펼치고 영웅에게 월계관을 바친다. 헤라클레스가 물러나고 문이 닫히면 독수리도 날개를 접는다. 다시 한 시간이 흐르면 두 번째 문에서 같은 과정이 반복된다.

D. 가장 아래층에는 헤라클레스의 조각상이 놓인 작은 신전이 세 개 있다. 왼쪽 신전의 헤라클레스는 곤봉과 밧줄을, 오른쪽 신전의 헤라클레스는 화살을 시위에 메긴 활을 들고 있다. 가운데 신전의 헤라클레스는 징을 들고 있다가 매시간 징을 울린다. 각 신전 위에도 조각상이 있다. 왼쪽에는 목동이, 오른쪽에는 하루의 끝을 알리는 악사가, 가운데에는 웃고 즐기는 사티로스가 있다. 신전 사이에 노예 두 명이 서 있는데, 하나는 낮의 첫 시간에 음식을 가져오고 다른 하나는 마지막 시간에 목욕물을 가져온다.

그리스 신화 속 영웅 헤라클레스는 제우스와 인간 알크메네 사이에서 태어났다. 그런데 그는 제우스와 알크메네 사이를 질투한 헤라의 음모로 잠시 광기에 사로잡히는 바람에, 아내 메가라와 아들들을 죽이고 말았다. 정신을 되찾은 후 자기가 벌인 짓을 깨달은 그는 크게 뉘우치며 델포이의 아폴론 신전으로 찾아가 무엇을 해야 하는지 물었다. 신탁은 헤라클레스에게 미케네 왕 에우리스테우스의 노예가 되어서 그가 시키는 과업을 완수하라고 지시했다. 에우리스테우스가 헤라클레스를 없애려고 생각해 낸 험난한 과업은 다음과 같다.

1. 네메아의 사자 죽이기
2. 레르나의 히드라 죽이기
3. 아르테미스 여신이 보호하는 케리네이아의 암사슴 사로잡기
4. 에리만토스의 멧돼지 사로잡기
5. 아우게이아스의 외양간 청소하기
6. 스팀팔로스 호수의 새 내쫓기
7. 크레타의 황소 길들이기
8. 디오메데스의 사람 잡아먹는 암말 사로잡기
9. 아마조네스 여왕 히폴리테의 허리띠 가져오기
10. 괴물 게리온의 소 떼 훔치기
11. 헤리페리데스의 정원에서 황금 사과 따 오기
12. 하데스의 지하 왕국을 지키는 개 케르베로스 잡아 오기

가자의 시계 속 헤라클레스는 이 고생스러운 과업 12가지를 날마다 하루 안에 완수해야 해서 무척이나 피곤할 것이다.

원숭이
양초시계

2 7 H11 12세기 * 이스마일 알 자리 * 이슬람 제국

메소포타미아의 위대한 발명가이자 공학자인 알 자자리는 저서에서 물시계와 양초시계 두 가지 유형을 설명한다. 두 번째 유형에 속하는 이 시계는 초가 일정하게 타며 녹는 현상을 바탕으로 작동한다.

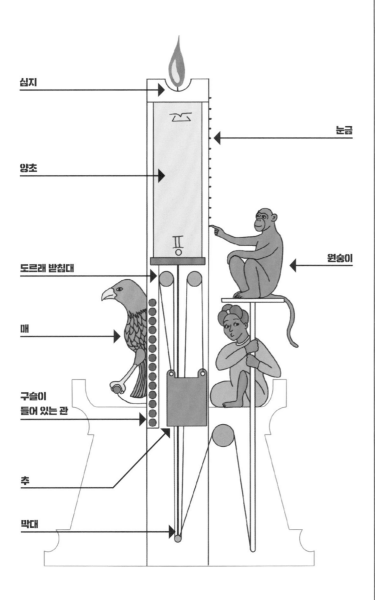

심지

양초

눈금

도르래 받침대

매

원숭이

구슬이
들어 있는 관

추

막대

양초는 놋쇠 관 내부의 받침대에 끼워져 있고, 초의 심지만 보인다. 저녁이 되어 어둠이 내려앉으면 이 심지에 불을 붙인다. 양초 받침대는 추를 관통하는 막대 위에 놓여 있다. 이 막대와 추는 도르래를 통해 밧줄 두 개와 연결되어 있다. 처음에는 막 불이 붙은 양초가 조금도 녹지 않았기 때문에 막대는 가장 낮게 내려가 있고 추는 높이 올라가 있다. 초가 타서 녹으면서 막대는

점점 올라가고 추는 점점 내려간다. 아울러 이 장치 전체는 다른 밧줄로 원숭이 받침대와 연결되어 있다. 시간이 흐르고 초가 닳아 사라지면서 원숭이 받침대도 올라간다. 원숭이는 위로 향하면서 눈금을 가리켜 시간을 나타낸다. 구슬이 들어 있는 관 역시 함께 올라가는데, 이때 가장 위에 있는 구슬이 매의 부리를 통해 떨어지면서 소리로 시간을 알려 준다.

서기
시계

1 7 D11 12세기 * 이스마일 알 자리 * 이슬람 제국

서기 시계는 아마 알 자자리가 만든 시계 가운데 가장 단순한 시계일 것이다. 하지만 단순하다고 해서 특별하지 않은 것은 아니다.

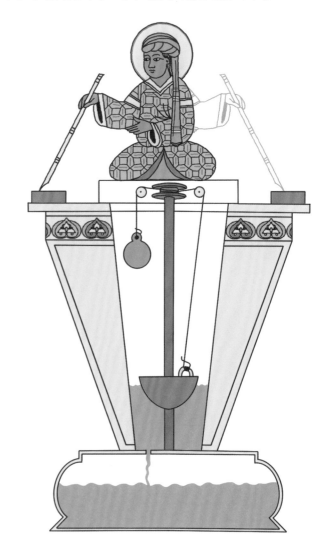

겉에서는 보이지 않게 숨겨 둔 물시계가 위쪽의 판을 회전시킨다. 그러면 기계 장치에 부착된 서기가 판의 각 구역에 표시된 시간을 지팡이로 가리킨다.

코끼리
물시계

1 2 7 |11 12세기 * 이스마일 알 자자리 * 이슬람 제국

알 자자리의 가장 유명한 시계는 무척 다양한 문화적 요소를 두루 갖추었는데, '국제연합 시계'라고 부를 만하다.

기계 장치(그리스)

구슬이 들어 있는 관

불사조(페르시아)

시간이 표시되는 반원 모양 판

대담하고 용감한 관광객이라면 이번 정류장에서 알 자자리의 저서 《독창적인 기계 장치의 지식에 관한 서》를 살 수 있다. 책에 자세한 설명이 실려 있어서 집에 돌아가서도 코끼리 물시계를 다시 만들어 볼 수 있다.

매(아라비아)

용(중국)

코끼리 조련사

분을 알려주는 서기

해가 뜨고 난 이후의 시간은 술탄의 머리 뒤에 있는 반원 모양 판에 표시된다. 몇 분인지는 코끼리 등에 탄 서기가 알려준다.

30분이 흐를 때마다 코끼리 몸통 안에 숨겨 놓은 수력 장치가 작동하며 놀라운 공연이 시작한다. 코끼리 몸통 안에는 커다란 수조가 있고, 다시 그 안에는 바닥에 구멍이 뚫린 용기가 떠 있다. 구멍 뚫린 용기에 물이 차면서 천천히 가라앉는 동안 도르래 장치가 서기를 빙글빙글 돌린다. 용기가 완전히 수조 밑바닥으로 가라앉으면 마법을 부리는 장치가 드디어 힘을 발휘한다.

시계 가장 위쪽의 돔에서 구슬이 든 관이 기울면 불사조를 회전시키는 바퀴에 구슬 하나가 떨어진다. 구슬은 아래에 있는 매 두 마리 가운데 하나의 부리로 흘러 나간다. 그러면 그 밑에 용이 입으로 구슬을 받는다. 구슬 무게 때문에 용이 회전하고, 이때 밧줄에 묶인 구멍 뚫린 용기가 수조 표면으로 솟는다. 아래로 뒤집힌 용이 구슬을 항아리로 떨어뜨린다. 쨍그랑! 이 소리에 맞춰 코끼리 조련사가 망치를 휘둘러 북을 친다. 이렇게 30분이 지나가면, 전체 과정이 다시 시작된다.

양팔자(페르시아)

코끼리(인도와 아프리카)

수력 기계 장치(그리스)

부르고스의 얼간이 종치기 오토마톤Papa-moscas de Burgos

1 **7** **F11** 18세기 * 프란시스코 알바레스 * 스페인

산티아고 순례길을 걷는 사람이나 부르고스 대성당을 방문하는 사람이라면, 시계에 연결된 이 자동 장치를 반드시 구경해야 한다.

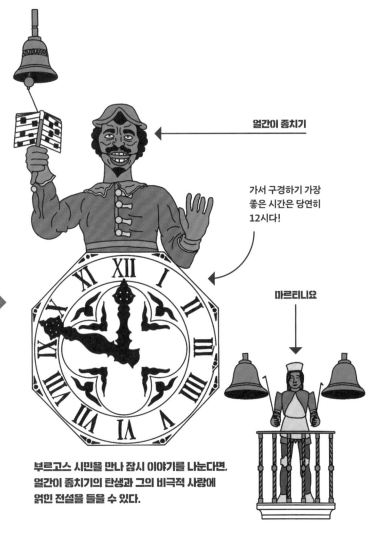

얼간이 종치기

가서 구경하기 가장 좋은 시간은 당연히 12시다!

마르티니요

부르고스 시민을 만나 잠시 이야기를 나눈다면, 얼간이 종치기의 탄생과 그의 비극적 사랑에 얽힌 전설을 들을 수 있다.

매시 정각이 되면, 상반신만 있는 이 인물이 입을 벌렸다 오므렸다 하면서 오른손으로 종을 울린다.

18세기에 만든 이 오토마톤은 사실 16세기에 있던 자동 장치를 대체한 것이다. '얼간이papamoscas'라는 이름은 모기가 입에 들어오기를 바라며 입을 쩍 벌린 채 기다리는 딱새에서 따왔다('papamoscas'라는 단어는 '딱새'라는 뜻이지만, 잘 속아 넘어가는 얼간이를 가리키기도 한다-옮긴이).

얼간이 종치기 옆에 있는 작은 발코니에 자그마한 오토마톤이 하나 더 있다. 마르티니요Martinillo라고 불리는 이 기계는 두 팔로 더 높은 음을 내는 종 두 개를 쳐서 매 15분을 알린다.

스트라스부르의 수탉 시계

2 **7** **H11** 1352년 * 제작자 미상 * 프랑스

연철과 나무로 만들어 다채로운 색깔을 칠한 이 수탉은 서양에 현존하는 가장 오래된 자동 시계로 꼽힌다. 이 시계는 흔히 삼왕 시계Three Kings Clock로 불리는 스트라스부르 노트르담 대성당의 천문시계 가운데 하나로, 날개와 부리를 움직이며 시간을 알렸다. 16세기에 작동을 멈췄지만, 스트라스부르의 장식미술 박물관에서 보존하고 있다.

오늘날 스트라스부르 대성당을 방문하면, 날개를 퍼덕이며 노래하는 수탉 대신 19세기 기계 장치로 부활시킨 천문시계를 볼 수 있다. 이 시계의 퍼포먼스는 몹시 재미있다. 죽음 앞에서 아이와 청년, 장년, 노인이 15분 간격으로 돌아가며 시간의 덧없음을 보여 주지만, 매시간 정각에 예수가 등장해서 인류를 구원한다. 이 시계는 요일과 달의 위상, 여러 행성의 위치까지 알려 준다. 물론, 시간도!

산마르코 광장 시계탑
Torre dell'Orologio

`1` `7` `D12`

15세기 * 제작자 미상 * 베네치아 공화국

베네치아 산마르코 광장에 있는 시계탑 가장 꼭대기에는 청동으로 만든 거인 두 명이 올라가 있다. 이 거인들은 매시간 종을 울린다. 아래로 내려가면, 벽을 오목하게 파낸 벽감에 성모 마리아와 아기 예수가 보이고, 양옆으로 문이 하나씩 나 있다. 이 문에 로마 숫자로 '시간'을 표시하고, 아라비아 숫자로 '분'을 표시한다. 한 해 가운데 단 이틀만(예수 공현축일과 예수 승천일) 문이 열리는데, 이때 천사 한 명과 동방박사 세 명이 한쪽 문으로 나와서 다른 문으로 행진한다.

이 청동 거인들은
'무어인'으로 불린다.

그리스도의 교회 종치기 오토마톤The Clock Tower on Christ Church

`1` `7` `E11`   18세기 * 제임스 패티 * 영국

고대 로마의 군인처럼 보이는 이 채색 목각상 한 쌍은 영국 브리스틀에 있던 옛 그리스도의 교회 정면을 장식하려고 제임스 패티James Paty가 만든 작품이다. 1912년, 이 조각상은 성 유인 교회와 통합되어 18세기 후반에 건설된 새로운 그리스도의 교회로 옮겼다. 교회 정면의 시계 양옆에 나란히 선 종치기 한 쌍은 15분마다 망치를 휘둘러서 종을 울린다.

오토마톤은 상체와 하체가 허리에서 연결되어
있고, 상체가 축을 중심으로 해서 빙그르르
회전한다.

기계 장치 덕분에 움직이는 이 조각상 둘은 지역 주민에게 큰 사랑을 받고 있으며, 도시의 상징으로도 여긴다. 종치기가 시간을 알리는 퍼포먼스는 하루에 겨우 몇 분 정도 이어질 뿐이다. 하지만 정해진 시간에 교회 앞에서 시계를 올려다보며 참을성 있게 퍼포먼스를 기다리는 사람이 여러분만은 아닐 것이다.
현재 오토마톤은 수리 중이다.

뻐꾸기 시계

2 7 9 **G10**

18세기 * 제작자 미상 * 독일

뻐꾸기 오토마톤이 자그마한 문에서 나와 뻐꾹뻐꾹 노래하며 시간을 알려 주는 모든 시계를 말한다. 독일 슈바르츠발트(독일 남서부의 삼림 지대-옮긴이)에서 만든 뻐꾸기 시계가 가장 유명하다. 그렇다고 해서 18세기에 인기를 끈 슈바르츠발트 시계가 최초의 뻐꾸기시계는 아니다. 기념품으로 어떤 걸 사야 할지 모를 만큼 뻐꾸기시계 모델은 매우 다양하다.

목동 시계
The Shepherd Clock

1 3 7 **E10**

18세기 * 피에르 자케드로 * 스위스, 스페인

스페인 국왕 페르난도 6세가 1758년에 손에 넣은 이 천문시계는 스위스의 시계공 피에르 자케드로 작품이다. 보통 '목동 시계'라고 부른다. 시계를 구성하는 오토마톤은 아주 다양한데, 이들은 정각이 될 때마다 움직인다. 가장 뛰어난 오토마톤은 당연히 시계의 이름을 차지한 목동 오토마톤이다. 시계 꼭대기의 목동은 손가락을 움직여 피리를 연주한다.

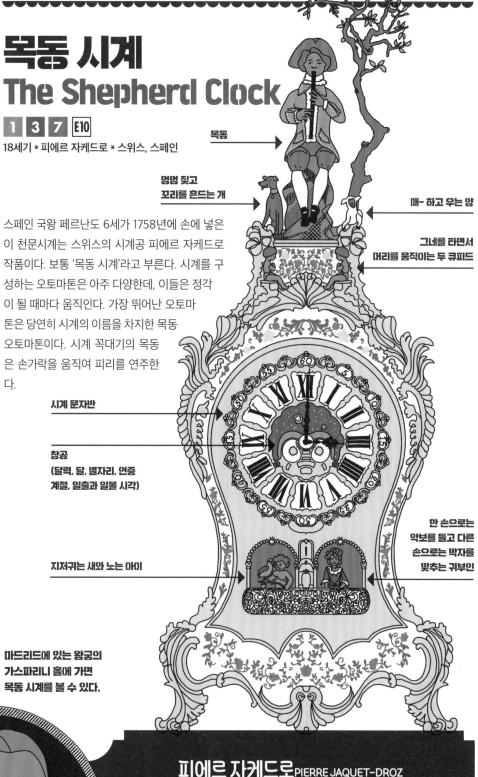

목동

멍멍 짖고 꼬리를 흔드는 개

매- 하고 우는 양

그네를 타면서 머리를 움직이는 두 큐피드

시계 문자반

창공
(달력, 달, 별자리, 연중 계절, 일출과 일몰 시각)

한 손으로는 악보를 들고 다른 손으로는 박자를 맞추는 귀부인

지저귀는 새와 노는 아이

마드리드에 있는 왕궁의 가스파리니 홀에 가면 목동 시계를 볼 수 있다.

피에르 자케드로 PIERRE JAQUET-DROZ
1721~1790

스위스의 비범한 시계 제작자. 자케드로는 자신의 작품에 기계 원리를 적용하고 오토마톤을 장착해서 음악이 흐르게 했다. 스페인의 페르난도 6세에게 깜짝 놀랄 만큼 아름답고 치밀한 시계를 팔고 얻은 이익으로 더 정교한 시계와 오토마톤을 만드는 데 전념했다. 그가 만든 작품은 유럽 전역으로, 나중에는 전 세계로 뻗어 나가다. 무려 18세기 청나라에서도 자케드로의 작품을 무척이나 높이 평가했다.

8

엑스플로라티오

가기 어려운 장소를 탐험하는 로봇

지진이 일어나 완전히 허물어진 건물에 들어가고 싶은 사람은 당연히 아무도 없을 것이다. 무너져 내린 원자력 발전소를 청소하는 일 역시 누구라도 꺼릴 것이다. 깊은 물속에서 평범한 사무실에 있을 때처럼 침착하게 일할 수 있는 사람도 별로 없다. 화성 탐사가 아무리 매혹적인 모험으로 보일지라도, 사람은 화성의 대기 환경에서 숨 쉴 수 없다. 이렇게 멀고, 위험하고, 심지어 사람이 접근할 수 없는 장소들은 엑스플로라티오 주민이 물 만난 물고기처럼 활동하는 곳이다.

엑스플로라티오 로봇들은 혼자서 또는 무리 지어서 거친 지형을 탐색하고, 지도를 제작하고, 폭발물을 제거하고, 샘플을 채취하고, 생존자를 발견한다. 이들은 우리의 눈이고, 위험을 먼저 발견하고 알려 주는 파수꾼이자 데이터를 수집하고 분석하는 연구자이며, 위기 상황에서 우리를 구출하고 보호하는 구원자다.

이 로봇들이 땅에서 물에서 공중에서 갑자기 나타날 수 있으니 늘 주의하라!

퍼서비어런스 Perseverance

8 **D5** 2020년 * 미국 항공우주국(NASA) * 미국

퍼서비어런스는 화성에 파견해 지표면의 암석을 분석하고 생명체의 흔적을 찾아내려는 로버rover(외계 행성의 표면을 돌아다니며 탐사하는 로봇-옮긴이)다. 이 로봇이 지구에서 출발해 화성으로 가는 여정은 일곱 달이나 걸렸다. 특히 마지막 7분이 가장 극적이었는데, 화성 대기권에 진입해서 착륙하는 단계는 결코 만만한 일이 아니었다. 먼지 폭풍이 퍼서비어런스의 임무를 망칠 수 있기 때문에 나사 연구진은 통계적으로 가장 날씨 좋은 날을 고르기 위해 화성의 기상 조건을 연구한다. 이 로봇은 자동차와 크기는 비슷하지만, 무게는 훨씬 더 나간다. 바람과 온도, 습도를 파악하는 기상 센서와 멀리서도 시료의 화학 조성과 광물을 분석할 수 있는 카메라가 장착되어 있다. 퍼서비어런스는 혼자가 아니어서 인저뉴어티Ingenuity라는 드론과 함께 다닌다. 이 경량 드론은 90초 동안 비행하며 풍경 사진을 찍을 수 있고, 퍼서비어런스가 탐사하러 갈 곳을 고를 때 도움을 줄 수 있다.

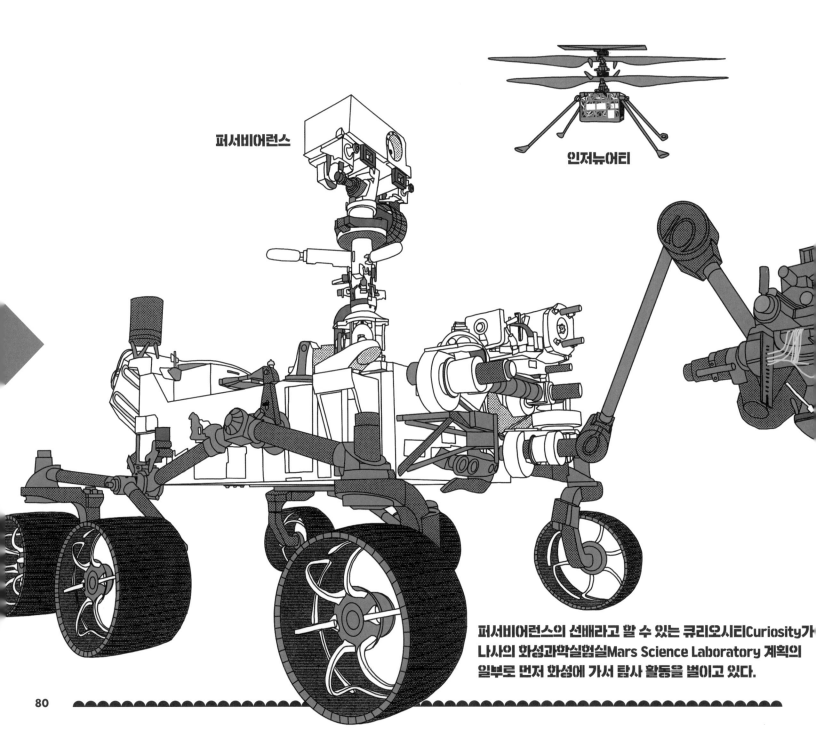

퍼서비어런스

인저뉴어티

퍼서비어런스의 선배라고 할 수 있는 큐리오시티Curiosity가 나사의 화성과학실험실Mars Science Laboratory 계획의 일부로 먼저 화성에 가서 탐사 활동을 벌이고 있다.

발키리Valkyrie

1 8 B4

2013년 * NASA 린든 B. 존슨 우주센터, 인간-기계인지연구소(IHMC) * 미국

휴머노이드 로봇 발키리는 우주 비행사 훈련을 받고 있다. 화성에 먼저 가서 나중에 인간이 무사히 도착할 수 있도록 길을 닦아 놓을 예정이다. 화성 탐사 임무의 선봉으로서 발키리는 지표면을 정비하고, 훗날 도착할 우주인의 거주지를 짓고, 그 모든 시설을 유지할 것이다. 발키리는 수많은 센서와 카메라, 레이저를 통해 환경을 분석한다. 더불어 화성에서는 로봇을 제어할 인간이 없기 때문에 독립적으로 활동할 수 있다. 그런데 발키리가 화성 주민을 만나기라도 한다면 어떻게 행동할지는 알 수 없다.

아이스트럭트iStruct

2 8 G4

2013년 * 독일 인공지능 연구센터DFKI, 브레멘대학교 * 독일

이 유인원 로봇은 '찰리'인데, 종류가 같은 로봇들과 함께 달을 개척하려고 한다. 아이스트럭트는 네 발로 걷거나 울퉁불퉁한 표면을 기어오를 수 있기 때문에 달 지형에서 움직이기에 이상적이다. 게다가 두 발로 서서 걸어 다닐 수도 있고, 손을 써서 샘플을 채취하거나 수작업을 할 수도 있다.

코브라Kobra

4 **8** **C5** 2011년 * 플리어시스템즈 * 미국

장애물 경주에서 우승한 코브라가 바리케이드를 넘는 방식은 절로 감탄사가 나올 정도로 훌륭하다. 코브라는 험난한 지형에서 자유자재로 움직인다. 심지어 넘어지더라도 다시 일어설 수 있다. 몸집은 작지만, 팔을 3.4m 높이까지 펼 수 있고 무게가 150kg이나 되는 것을 들어 올릴 수 있다. 더욱이 코브라는 경험이 풍부한 폭발물 처리반(EOD, Explosive Ordnance Disposal)로봇이다. 인간이 안전한 거리에 떨어져 있는 동안 코브라는 그 누구보다도 능숙하게 폭발물을 해제한다. 이런 능력 덕분에 코브라는 로봇랜드에서 경찰과 군인으로 활동한다.

익스플로러 스네이크암 로봇 Explorer snakearm robot

8 **H2**
2009년 * OC 로보틱스 * 영국

이 로봇 팔은 좁고 접근하기 어렵고, 대체로 위험한 장소에서 시설물을 유지·보수하는 작업을 맡는다. 부품을 연결하는 관절의 자유도가 두 단계라서 매우 유연하며 뱀처럼 구불구불 움직일 수 있다. 머리에 장착하는 도구에 따라 다양하게 작업할 수 있다. 예를 들어 청소할 때는 물을 뿜어내고, 기계 따위를 수리할 때는 용접기를 사용한다. 이 로봇에게 절대 가위를 주지 않도록 주의하라. 가위를 들었다간 여러분의 머리카락을 자르려 들지 모른다!

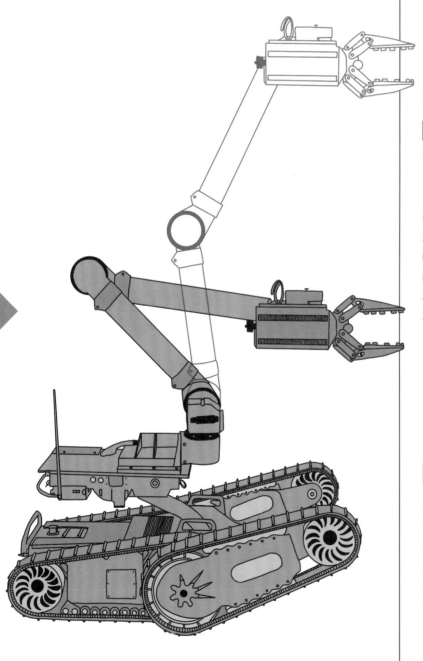

카오스Chaos

8 **H3** 2000년 * 오토노머스 솔루션즈 * 미국

카오스는 위험한 임무에 익숙하다. 독립적으로 회전하는 무한궤도 팔이 네 개 달려 있어서 사람이 다닐 수 없는 지형을 이동하고, 계단이나 가파른 경사로를 오를 수 있다. 언제든 사람을 구조할 준비가 되어 있지만, 재해나 전쟁이 일어나지 않는 상황에서는 대체로 광산을 조사하고 점검하는 작업에 전념한다.

알투라 제니스Altura Zenith

8 **C5** 21세기 * 에어리얼트로닉스 * 네덜란드

로봇랜드 방문객이 등산 중에 길을 잃으면, 알투라 제니스가 구조하러 나설 것이다. 이 드론은 경보에 즉각 반응하며, 사람이 갈 수 없는 곳에 접근하고, 열 센서로 길을 잃은 관광객의 위치를 탐지한다.

회전익 쿼드로터 드론
(회전하는 날개, 즉 로터가 네 개인 드론이라는 의미- 옮긴이)

로빈 머피 ROBIN MURPHY
1957~

미국의 컴퓨터 과학과 로봇공학 전문가. 현재 텍사스A&M대학교 교수다. 중심 연구 분야는 인간과 로봇의 상호작용과 구조 로봇이다. 머피 교수는 날거나 헤엄치거나 기어갈 수 있는 로봇이 자연재해나 광산 사고, 원자력 발전소 사고 같은 재난 현장에 더 빠르게 도착할 수 있다고 주장한다. 이런 로봇은 생명을 구할 뿐만 아니라 재난 장소를 신속히 정상 상태로 되돌리는 데 도움을 줄 수 있다.

이비eBee

2 **8** **G4** 2012년 * 센스플라이 * 스위스

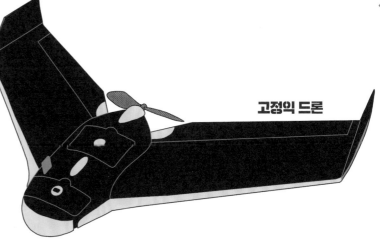

고정익 드론

이비는 어떤 환경에서도 활동할 수 있는 드론이다. 작업할 수 있는 최대 면적은 500헥타르이며, 작업 범위를 지정해 주면 최적의 비행경로를 계획하고 정확한 지도를 만든다. 장착된 카메라에 따라 3D 재구성부터 열 지도까지 제작할 수 있다.

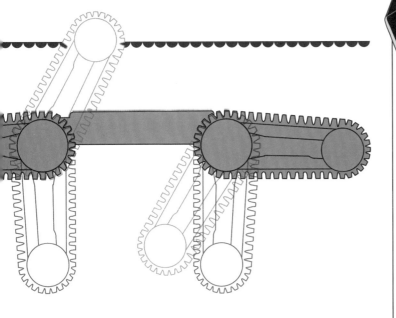

암피스타**AmphiSTAR**

2 **8** **G4** 2020년 * 네게브 벤구리온대학교 * 이스라엘

암피스타는 꼭 바실리스크도마뱀처럼 물 위를 걸어 다닌다. 물론 물에서 헤엄칠 수 있고, 어떤 땅에서든 기어 다닐 수도 있다. 프로펠러 네 개가 땅에서는 바퀴처럼 작동하고, 물에서는 지느러미처럼 작동하는 덕분이다. 게다가 암피스타는 한 손에 쏙 들어올 만큼 작아서 어디든 갈 수 있다. 보통 농업에 쓰이지만, 필요하다면 구조용으로도 사용할 수 있다.

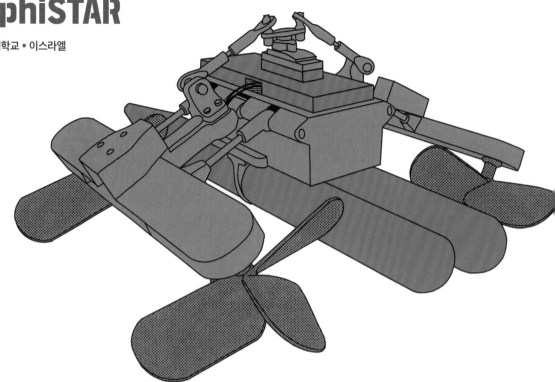

ACM-R5H

2 **8** **H3**

2010년 * 도쿄공업대학, 하이봇 * 일본

바다를 건너 로봇랜드에 도착한 방문객은 뱀처럼 구불구불한 로봇이 배의 선체를 검사하거나 항구에서 경비를 서는 모습을 보았을 것이다. ACM-R5H는 바퀴 달린 모듈로 구성된 덕분에 땅에서나 물에서나 똑같이 능숙하게 움직인다. 이 로봇에게 물에 빠진 귀중품을 찾아 달라고 요구해도 된다. 심지어 로봇을 애완용 뱀처럼 옆에 데리고 산책해도 좋다. 혹시 길에 방해가 될 만한 것이 있다면 머리에 달린 카메라로 여러분에게 알려 줄 것이다.

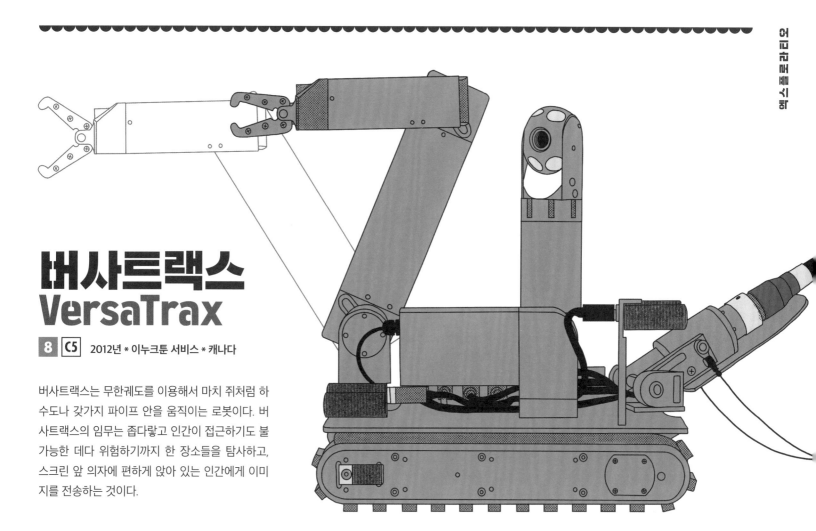

버사트랙스
VersaTrax

8 **C5** 2012년 * 이누크톤 서비스 * 캐나다

버사트랙스는 무한궤도를 이용해서 마치 쥐처럼 하수도나 갖가지 파이프 안을 움직이는 로봇이다. 버사트랙스의 임무는 좁다랗고 인간이 접근하기도 불가능한 데다 위험하기까지 한 장소들을 탐사하고, 스크린 앞 의자에 편하게 앉아 있는 인간에게 이미지를 전송하는 것이다.

벨록스Velox

2 **8** **H3**

2018년 * 도쿄공업대학, 하이봇 * 일본

벨록스는 헤엄치거나, 깊이 잠수하거나, 바다 밑바닥을 걸어 다니거나, 뭍으로 나와서 모래밭이나 눈밭·얼음장 위를 돌아다닐 수 있다. 환경에 따라 동체 양옆에 하나씩 있는 막을 수평 또는 수직으로 움직여서 앞으로 나아간다. 벨록스는 은밀하게 움직이기 때문에 보통 군사 임무를 수행하지만, 로봇랜드에서는 수상 레저 분야에서 활약한다. 다이빙을 즐기고 싶은 방문객은 벨록스를 빌려서 물속을 쉽게 헤엄쳐 다닐 수 있다.

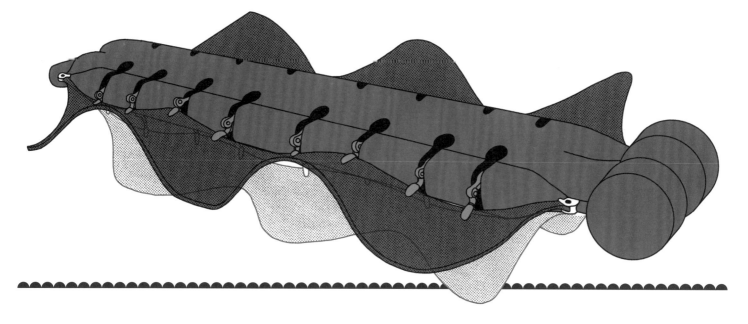

메소드2 Method-2

8 **12** **F5** 2016년 * 비탈리 불가로프, 한국미래기술 * 대한민국

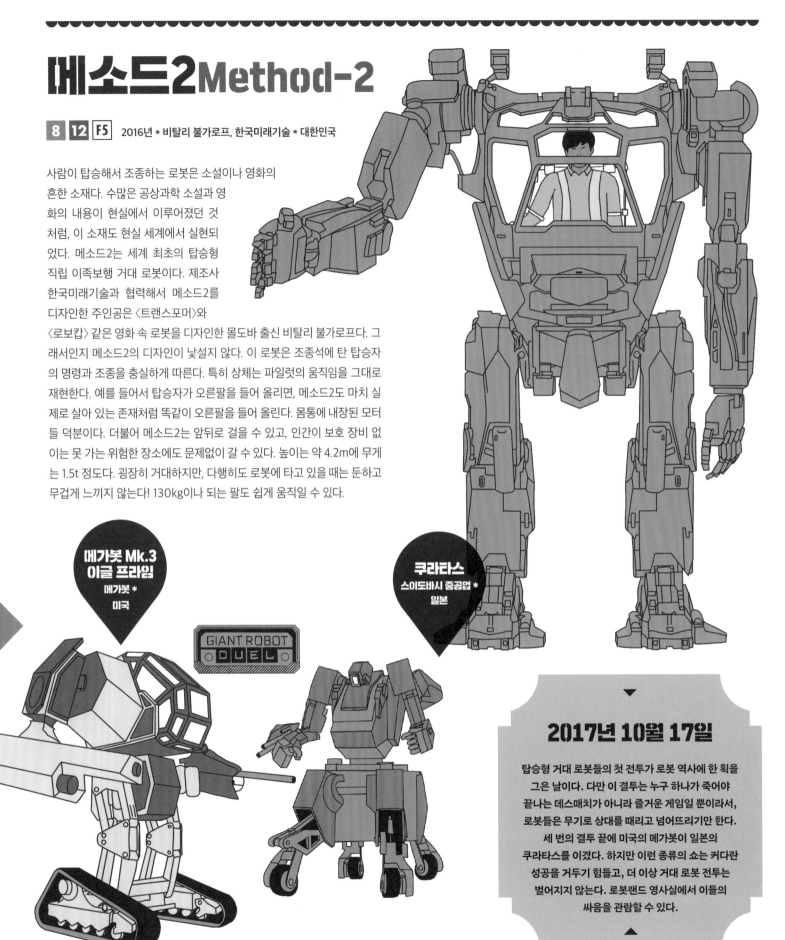

사람이 탑승해서 조종하는 로봇은 소설이나 영화의 흔한 소재다. 수많은 공상과학 소설과 영화의 내용이 현실에서 이루어졌던 것처럼, 이 소재도 현실 세계에서 실현되었다. 메소드2는 세계 최초의 탑승형 직립 이족보행 거대 로봇이다. 제조사 한국미래기술과 협력해서 메소드2를 디자인한 주인공은 〈트랜스포머〉와 〈로보캅〉 같은 영화 속 로봇을 디자인한 몰도바 출신 비탈리 불가로프다. 그래서인지 메소드2의 디자인이 낯설지 않다. 이 로봇은 조종석에 탄 탑승자의 명령과 조종을 충실하게 따른다. 특히 상체는 파일럿의 움직임을 그대로 재현한다. 예를 들어서 탑승자가 오른팔을 들어 올리면, 메소드2도 마치 실제로 살아 있는 존재처럼 똑같이 오른팔을 들어 올린다. 몸통에 내장된 모터들 덕분이다. 더불어 메소드2는 앞뒤로 걸을 수 있고, 인간이 보호 장비 없이는 못 가는 위험한 장소에도 문제없이 갈 수 있다. 높이는 약 4.2m에 무게는 1.5t 정도다. 굉장히 거대하지만, 다행히도 로봇에 타고 있을 때는 둔하고 무겁게 느끼지 않는다! 130kg이나 되는 팔도 쉽게 움직일 수 있다.

메가봇 Mk.3 이글 프라임
메가봇 * 미국

GIANT ROBOT DUEL

쿠라타스
스이도바시 중공업 * 일본

2017년 10월 17일

탑승형 거대 로봇들의 첫 전투가 로봇 역사에 한 획을 그은 날이다. 다만 이 결투는 누구 하나가 죽어야 끝나는 데스매치가 아니라 즐거운 게임일 뿐이라서, 로봇들은 무기로 상대를 때리고 넘어뜨리기만 한다. 세 번의 결투 끝에 미국의 메가봇이 일본의 쿠라타스를 이겼다. 하지만 이런 종류의 쇼는 커다란 성공을 거두기 힘들고, 더 이상 거대 로봇 전투는 벌어지지 않는다. 로봇랜드 영사실에서 이들의 싸움을 관람할 수 있다.

9

무시카

기계로 만들어 낸 멜로디

여러분이 음악을 좋아하든 아니든 이번 노선은 틀림없이 즐거울 것이다. 무시카 노선의 주민 대다수는 솔로이스트지만, 밴드를 고용해서 파티에 활기를 불어넣을 수도 있다. 무시카 로봇 중에는 거리의 악사도 있지만, 대체로 콘서트와 축제에서 연주한다.

물론 로봇 음악가는 인간처럼 감정을 느낄 수도 없고, 연주곡 목록이 풍부하지도 않다. 하지만 로봇이 관악기나 현악기, 타악기를 연주할 수 있다는 사실은 정말로 놀랍다.

로봇은 연습이나 리허설을 할 필요가 없다. 혹시 로봇이 움직이지 않는다면, 그저 동력이 끊긴 것일 뿐이다.

현대에 탄생한 로봇이 아니라면 여러분이 좋아하는 노래를 들려주리라고 기대해서는 안 된다 (노장 음악가는 기존 연주 목록에 없는 곡은 즉흥적으로 연주하지 않는다…). 하지만 최근에 생겨난 로봇들은 음악 스트리밍 앱을 사용해서 최신 히트곡을 들려줄 것이다. 로봇랜드를 대표하는 콘서트홀들은 재능이 뛰어난 신인 음악가를 찾으려 애쓰고 있고, 명망 높은 음악가들은 박물관에만 머물며 드문드문 활동한다.

리톤 모양 악기 오토마톤

2 **9** **J5**
기원전 3세기 * 크테시비오스 *
헬레니즘 시기 이집트

고대의 천재가 만든 이 작품은 보존된 것이 없기 때문에 알렉산드리아의 헤론이나 비트루비우스 같은 후대 사람이 묘사한 글로 상상해 볼 수밖에 없다. 그러나 크테시비오스가 기계 장치에서 물과 공기의 힘을 처음으로 사용했고, 하이드롤리스hydraulis(물과 공기를 이용해 소리를 내는 장치)의 발명가라는 사실은 확실하다. 헤론은 크테시비오스의 작품 가운데 리톤rhyton(고대의 종교의식에서 물이나 술 따위를 따를 때 사용했던 동물 머리 모양의 술잔)처럼 생긴 악기 오토마톤에 관해 설명했다. 물을 부으면 내부의 밀폐 공간에 있던 공기가 리톤의 입을 통해 바깥으로 밀려 나가는 구조인 듯하다. 로봇랜드에서는 여러분이 직접 이 장치에 물을 채우고 부어서 소리가 나는지 확인해 볼 수 있다. 하지만 조화로운 멜로디를 기대해서는 안 된다.

노래하는 새 오토마톤

2 **9** **11** **G11**

1세기 * 헤론 * 로마제국의 이집트 속주 알렉산드리아

헤론은 저서 《기체학Pneumatica》에서 자신이 직접 설계했거나 과거의 발명품을 더욱 발전시킨 장치를 다양하게 설명한다. 그중 하나가 노래하는 새 오토마톤이다. 먼저, 물이 물그릇 A로 끊임없이 떨어진다. 가득 찬 물그릇은 회전축을 중심으로 돌아 거꾸로 뒤집히고, 물은 깔때기를 통해 밀폐된 수조 B로 흘러 들어간다. 그러면 B에 들어 있던 공기가 밀려나서 튜브 C를 통해 새 쪽으로 이동한다. 곧 공기가 새 부리로 빠져나가면서 소리를 만들어 내는 것이다. 사이펀 D를 통해 수조 B가 비워지고, 물그릇 A가 다시 가득 차면서 이 과정이 반복된다. 그러면 작은 새가 지저귀는 것과 비슷한 소리가 이어졌다 끊어졌다 하며 울려 퍼진다.

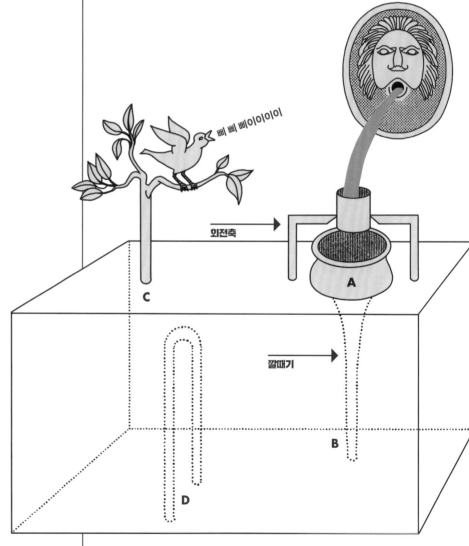

삐 삐 삐이이이이

회전축

깔때기

악단 오토마톤

1 **9** **11** **D10** 12세기 * 이스마일 알 자자리 * 이슬람 제국

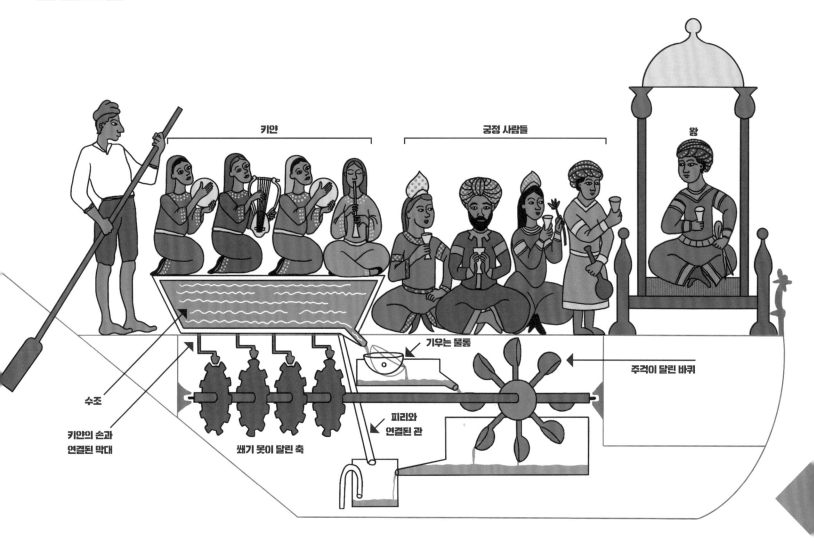

키얀

궁정 사람들

왕

수조

키얀의 손과
연결된 막대

쐐기 못이 달린 축

기우는 물통

피리와
연결된 관

주걱이 달린 바퀴

왕은 궁정에서 연회를 열 때면 연못에 이 배 모양 오토마톤을 띄워 놓았다. 그러면 오토마톤이 30분마다 자동으로 작동하며 음악으로 손님들을 즐겁게 해 주었다. 이 배에 탄 사람들은 움직이지 않는 인물(왕과 궁정 사람들)과 움직이는 인물(키얀Qiyan)로 나뉜다. 키얀은 연회나 축제에서 기예를 펼쳐서 흥을 돋우고 손님들을 즐겁게 해 주는 여성 노예를 가리킨다. 이 배에는 키얀이 모두 넷인데, 한 명은 피리를, 다른 한 명은 하프를, 나머지 두 명은 작은 탬버린을 연주한다. 이들은 물이 가득 찬 수조 위에 앉아 있다. 수조의 물은 조금씩 조금씩 빠져나가서 아래에 있는 기우는 물통을 30분 만에 잔

뜩 채운다. 물통이 기울면 물이 다시 흘러나가서 주걱이 달린 바퀴로 떨어진다. 바퀴는 쐐기 못이 네 개 달린 축을 회전시키고, 쐐기 못은 키얀의 손에 연결된 가느다란 막대기를 움직인다. 쐐기 못 사이의 거리는 리듬을 표시하는데, 이 덕분에 하프와 탬버린이 서로 다른 음악 패턴을 연주할 수 있다. 바퀴의 주걱에 담긴 물은 아래의 수조로 떨어지며 수조에 있던 공기를 밀어낸다. 이 공기는 호루라기가 달린 관을 통해 빠져나가면서 피리 소리를 낸다.

피리는 가장 오래된 악기 가운데 하나로, 로봇랜드에서 인기가 많다. 이 곳에는 여러 시대에 만든 갖가지 피리 연주 로봇이 있다. 무시카 노선을 따라서 이동하다가 가장 좋아하는 피리 연주자를 골라 보자.

만제티의 피리 연주자

1 9 G5

1849년 * 이노첸조 만제티 * 이탈리아

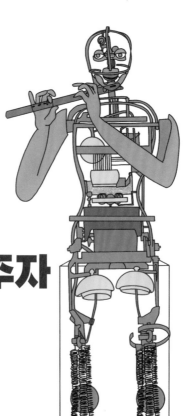

한때 장치를 감쌌던 스웨이드 겉면은 사라지고 이제 강철 뼈대만 남아 있다. 뻥 뚫린 얼굴에서 도자기로 만든 눈과 마주치면 온몸이 떨릴 것이다. 이 오토마톤은 피아노와 비슷한 메커니즘을 통해 아리아를 12가지 연주할 수 있다. 심지어 공연이 끝나면 자리에서 일어나 관객에게 인사를 건넨다.

보캉송의 플루트 연주자

1 9 G5

1738년 * 자크 드 보캉송 * 프랑스

이 양치기는 서로 다른 멜로디를 12가지나 연주할 수 있다. 보통은 보캉송이 만든 탬버린 연주자 오토마톤과 함께 다닌다. 예전에는 사람들의 관심을 한 몸에 받았지만, 보캉송이 소화 시스템을 갖춘 그 유명한 오리 오토마톤을 만들고 나서 인기가 시들었다.

테루드의 피리 연주자

1 9 H5

1878년 * 알렉상드르 니콜라 테루드 * 프랑스

테루드의 피리 연주자는 기계식 실린더 오르간을 가슴 안에 숨기고 있다. 오토마톤의 포즈는 루브르 박물관에 있는 피리 부는 목신 대리석상의 자세에서 영감을 받은 것이다. 가끔 바이올린을 연주하는 원숭이와 함께하기도 한다.

테루드는 이 오토마톤의 외형을 당대 굉장히 유행했던 이국적 느낌을 살려 꾸몄다.

바누 무사 형제의 피리 연주자

1 9 I5   9세기 * 바누 무사 형제 * 이슬람 제국

이 장치는 바그다드의 바누 무사Banu Musa 삼 형제가 처음으로 만든 자동 악기 가운데 하나다. 아울러 프로그래밍이 가능한 최초의 기계라고도 한다. 이 오토마톤을 설명해 놓은 원고 원본은 사라지고 없지만, 다행히 사본이 남아 있어서 오늘날 이 기계에 대해 알 수 있다. 안타깝게도 필사본에는 삽화가 전혀 없다. 그래도 자세한 설명 덕분에 이 독창적인 악기를 충분히 파악할 수 있다.

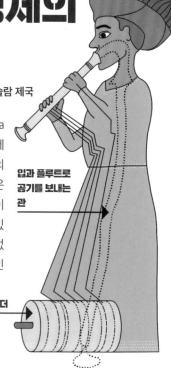

입과 플루트로 공기를 보내는 관

음악 실린더

기계 장치는 모두 아래쪽 받침대 안에 숨어 있다.

노래하는 새 시계

2 7 9 G10

18세기 * 피에르 자케 드로 * 스위스

풀무 모양의 송풍기와 실린더 피스톤으로 이루어진 시스템이 새의 노랫소리를 만들어 낸다. 연주할 수 있는 멜로디는 여섯 가지다. 음악이 흘러나오는 동안 새장 안의 카나리아는 빙글빙글 돌고 꽁지깃을 흔들고 부리를 여는데, 심지어 가슴을 부풀리기도 한다!

스위스의 르로클 시계박물관에 가면 이 시계를 볼 수 있다.

바누 무사 형제
9세기

무함마드 이븐 무사Muhammad ibn musa, 아흐마드 이븐 무사Ahmad ibn musa, 알하산 이븐 무사al-Hasan ibn musa 형제는 9세기 바그다드의 석학이다. 이들은 바이트알히크마, 즉 지혜의 집이라고 부르는 학술원에서 다양한 학문을 공부했다. 더불어 고대 그리스의 서적을 번역하며 고대 지식을 수정하거나 확장했다. 삼 형제는 수많은 자동 장치와 발명품을 설명하는 저서 《독창적 기계 장치에 관한 책》도 썼다. 이 자동 장치와 기계 중에는 고대 그리스(헤론과 필로)나 중국과 페르시아에서 물려받은 유산도 있다. 하지만 삼 형제가 직접 고안해낸 발명품이 가장 뛰어나다.

오르타3 Alter 3

1 9 F7

2019년 * 도쿄대학교, 오사카대학교 * 일본

오르타3은 오케스트라 지휘자지만, 연미복을 입으라고 요청해선 안 된다. 이 로봇은 사람처럼 생긴 얼굴과 두 팔만 축에 달려 있을 뿐이다. 이 축을 이용해서 콘서트 도중 회전하거나 가볍게 튀어 오른다. 더불어 AI 덕분에 박자와 음량의 변화를 지시할 수 있다(심지어 연주곡을 바꾸라고 말할 수도 있다!). 로봇랜드의 콘서트홀을 방문하면, 아랍에미리트 연방 샤르자에서 초연한 시부야 케이치로의 오페라 〈스케어리 뷰티〉를 오르타3이 지휘하는 광경을 볼 수 있다.

워터
오르간

1 9 11 D10 17세기 * 아타나시우스 키르허 * 이탈리아

아타나시우스 키르허
ATHANASIUS KIRCHER
1602~1680

이탈리아 로마에서 활동한
독일의 예수회 수도사.
바로크 시대에 가장 중요한 과학자 중
한 명으로 꼽히며, 경이로울 정도로
수많은 주제에 관심이 많았다.
키르허는 구토하는 기계와 말하는 조각상,
시계 등을 비롯해 독창적인 오토마톤도
발명했다. 로봇랜드에서는 40권이 넘는
키르허의 저서 중 특히 1650년에 출간한
《보편 음악론Musurgia Universalis》을
소개한다. 이 책은 당대의 음악 지식과 이론,
악기, 기보법은 물론이고 악기 오토마톤과 수력
파이프 오르간의 세계까지 두루 소개한다.

이런 오르간은 당시 귀족의 정원에 흔했다. 먼저 툭 튀어나온 돌기로 각 멜로디를 프로그래밍한 실린더를 수력으로 회전시킨다. 그러면 실린더가 돌아가면서 얇은 금속판을 진동시켜서 소리를 만들어 낸다.

마리 앙투아네트 덜시머 오토마톤

1 9 **C11**
1784년 * 페터 킹징, 다비드 뢴트겐 * 프랑스

이 작은 오토마톤은 독일의 유명한 가구공 뢴트겐과 시계공 킹징이 프랑스의 마리 앙투아네트 왕비를 모델로 삼아 1784년에 제작했다고 한다. 장치의 왕비 인형은 프랑스 혁명 때 훼손되었지만, 다행히 어깨 위의 머리는 보존되었다. 훗날 1864년에 로베르 우댕이 복원한 덕분에 이제는 멜로디를 여덟 가지나 연주할 수 있다.

왕비는 양손에 자그마한 해머를 하나씩 들고 덜시머dulcimer(공명상자에 금속 줄을 얹고 작은 해머로 쳐서 연주하는 현악기-옮긴이)라는 전통 악기의 현을 재빠르게 두드린다. 연주 중에는 머리와 눈도 움직인다. 정말 특별한 구경거리!

기계 장치는 왕비와 탁자, 악기가 놓인 나무 상자 안에 전부 숨겨 놓았다.

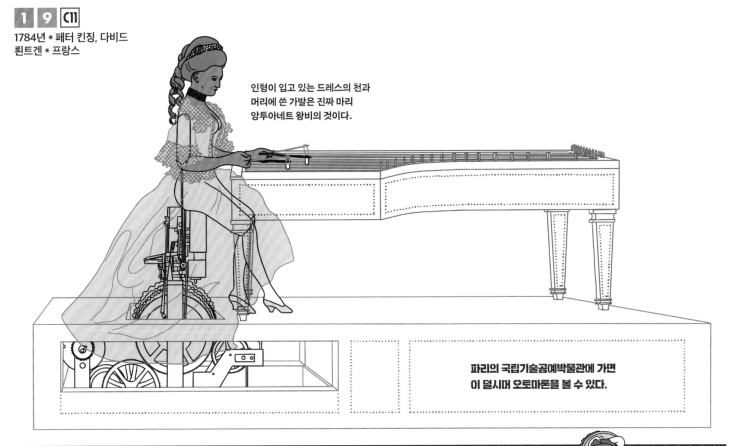

인형이 입고 있는 드레스의 천과 머리에 쓴 가발은 진짜 마리 앙투아네트 왕비의 것이다.

파리의 국립기술공예박물관에 가면 이 덜시머 오토마톤을 볼 수 있다.

류트를 연주하는 귀부인 오토마톤

1 9 **F12** 16세기 * 후아넬로 투리아노 * 스페인

궁정의 시계 장인 투리아노는 시계가 아닌 장치에도 자동 기계 메커니즘을 적용했으며, 악기 오토마톤으로도 명성이 자자했다. 이 자그마한 귀부인은 걸어 다니면서 류트를 연주하고 고개를 끄덕인다. 호사스러운 드레스를 입은 덕분에 야간 무도회에서도 화려함을 뽐내며 흥을 돋울 수 있다. 그녀가 연주하는 선율을 직접 들어 보고 싶다면 빈의 미술사박물관을 방문하면 된다.

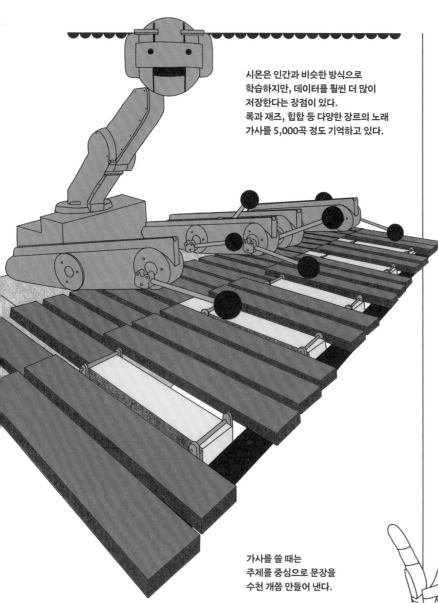

시몬은 인간과 비슷한 방식으로 학습하지만, 데이터를 훨씬 더 많이 저장한다는 장점이 있다. 록과 재즈, 힙합 등 다양한 장르의 노래 가사를 5,000곡 정도 기억하고 있다.

가사를 쓸 때는 주제를 중심으로 문장을 수천 개쯤 만들어 낸다.

시몬Shimon

1 9 **E12**

2017년 * 조지아공과대학교 음악기술센터(GTCMT) * 미국

처음에 시몬은 마림바marimba만 연주했다. 그런데 조금씩 새롭고 놀라운 능력을 얻더니 요즘에는 특별한 음악적 경험을 하고 있다. 이제 시몬은 작곡도 하고, 다른 음악가들과 즉흥 연주를 하고, 다른 음악가의 노래에 가사도 쓰고, 노래도 부르고, 심지어 용감하게 춤도 조금 춘다. 그야말로 음악계의 혁명이다. 어쩌면 여러분은 스포티파이Spotify(음악 스트리밍 서비스 앱-옮긴이)에서 시몬을 팔로우하고 있을지도 모른다. 시몬의 다음번 콘서트 투어에 가고 싶다면 서둘러 예매해야 할 것이다. 시몬의 콘서트는 예매가 시작되자마자 매진된다!

로비 메가바이트
Robby Megabyte

1 9 **F12** 2020년 * 사라예보대학교 * 보스니아

로비 메가바이트는 보스니아에서 아주 유명한 록밴드 '두비오자 콜렉티브 Dubioza Kolektiv'의 멤버다. 이 휴머노이드는 진짜 사람인 다른 멤버들처럼 노래하고 악기를 연주한다.

두비오자 콜렉티브는 로비를 영입하면서 언젠가 로봇이 인간들의 일자리를 모두 차지하리라는 통념을 보여 주려고 했다. 이들은 〈테이크 마이 잡 어웨이Take My Job Away〉('내 일을 가져가'라는 뜻-옮긴이)라는 노래의 뮤직비디오에서 이를 아이러니하게 표현한다. 뮤직비디오에서 처음에는 로비가 밴드와 함께 연주한다. 그런데 점점 다른 안드로이드들이 밴드 멤버를 하나씩 대체하기 시작하고, 마지막에는 무대 위에 사람이 단 한 명도 남지 않는다. 로봇에게 악기를 넘기고 내려온 멤버들이 여자들과 술을 마시고 춤을 추며 즐기는 동안, 로봇들이 공연을 마무리 짓는다. 그러다가 마침내 인간이 밖으로 쫓겨나고, 로봇이 여자들과 술을 마시고 춤을 춘다.

로비를 구성하는 부품 중 다수가 재활용한 것이다.

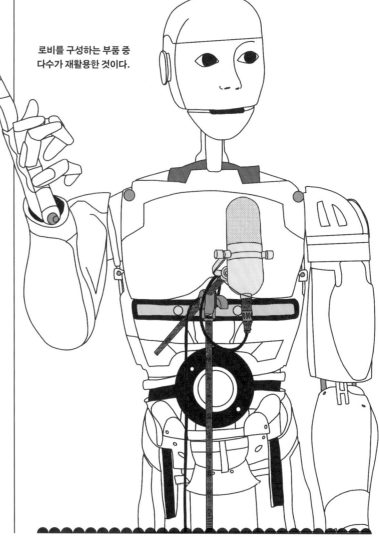

10
루도

체스 오토마톤	
대시	
쿠브	
주사위 놀이 오토마톤	1
나오	1
브루노(축구선수)	1
코페도	1
님브로-OP2X	1
체스 두는 기계 튀르크인	1 · 12
폴타	1
마이 키퐁	
큐브렛츠	
벤벤	2
아이보	2
퍼비	2
은백조 오토마톤	2
레카	
레고 마인드스톰 NXT	

놀이와 재밋거리

로봇랜드의 주민은 태어나는 대신 제작된다. 로봇랜드의 출생률은 인구 1,000명당 제작하는 로봇의 수를 계산한 '창조율'로 따진다. 로봇랜드는 창조율을 높이기 위해 다양한 프로그램과 캠프를 개설했다. 어린이 방문객은 이런 캠프에서 재미있게 놀고 배우면서 로봇 개발자로 거듭날 수 있다. 지난 몇 년 동안 로봇 창조율이 꾸준히 증가하고 있다. 앞으로도 창조율은 계속 상승세를 보일 것이다.

루도 노선에는, 다른 업무는 하지 않고 즐길 거리만 찾는 일을 임무로 맡는 로봇이 있다. 이들의 유일한 임무는 사람들의 재미와 오락을 책임지는 것이다. 그저 여가를 즐겁게 보내도록 도와주는 로봇도 있고, 공연에 초대해서 마술을 선보이는 로봇도 있으며, 리듬에 맞춰 춤추게 해 주는 로봇, 어려운 게임으로 지성의 한계에 도전해 보라고 자극하는 로봇도 있다. 특수 장애가 있는 사람들이 즐기도록 도와주는 로봇도 있다는 것을 잊지 말자. 이곳에 머무는 동안 틀림없이 무척이나 재미있고 신날 것이다. 용기를 내서 도전한다면 로봇 발명가가 되어 로봇랜드 역사의 한 페이지를 장식할 수도 있다.

중요한 조언이 하나 있다. 루도 노선에서는 기념품을 사는 데 쓸 돈은 미리 현명하게 계획해 두자. 처음 보이는 기념품 가게에서 곧바로 쇼핑하지 않는 편이 좋다. 눈에 들어오는 대로 전부 사고 싶을 테니까!

졸타 Zoltar

○ 1 10 F5   1988년 * 페니 마셜 * 미국

혹시 페니 마셜이 연출한 영화 〈빅〉을 봤다면 졸타를 알 것이다. 이 로봇 마법사는 단돈 25센트에 원하는 소원을 들어준다. 13살 소년 조쉬 배스킨이 어른이 되고 싶다고 빌자, 졸타는 소원이 이루어졌다고 알려 주는 카드를 내민다. 다음 날 아침, 눈을 떠 보니 조쉬는 정말로 서른 살 어른이 되었다. 여러분도 로봇랜드 영화관에서 〈빅〉을 볼 수 있다. 용감하다면 동전을 넣고 졸타 카드를 기다려도 좋다. 하지만 졸타의 마법은 단순한 장난이 아닐 수도 있다. 졸타에게 소원을 말하기 전에 충분히 생각하길!

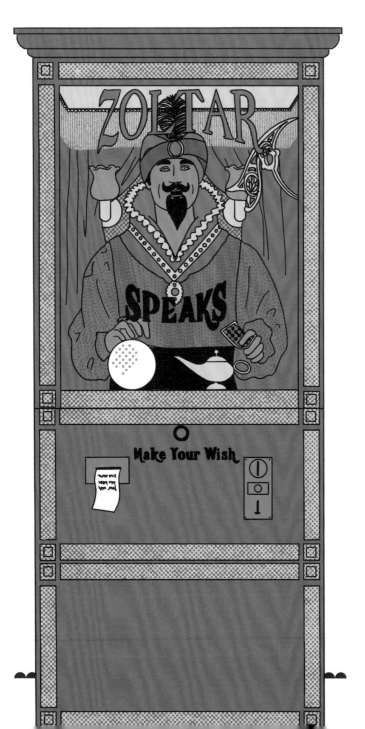

퍼비 Furby

2 10 H4   1998년 * 타이거 일렉트로닉스 * 미국

로봇랜드 기념품 가게에서 퍼비를 보고도 그냥 지나칠 수 있는 사람은 거의 없을 것이다. 이 귀엽고 자그마한 동물은 어른, 아이 할 것 없이 모두의 마음을 사로잡는다. 퍼비는 밥도 먹는데, 작은 숟가락으로 음식을 떠먹여 줘야 한다. 적외선 송수신기와 혀 센서(음식을 먹는 용도), 배와 등의 센서(간지럼을 느끼는 용도)가 있어서 외부 자극도 받아들인다. 자기가 거꾸로 뒤집혀 있는지 알아차릴 수도 있다. 게다가 마이크로폰 덕분에 사람의 말을 들을 수도 있다. 처음에는 퍼비 언어인 '퍼비시'만 사용하지만, 사람과 상호작용을 해 가면서 인간의 언어도 배워 나갈 것이다.

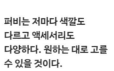

퍼비는 저마다 색깔도 다르고 액세서리도 다양하다. 원하는 대로 고를 수 있을 것이다.

주사위 놀이 오토마톤

○ 1 10 C4   기원전 20세기 * 제작자 미상 * 중국

이 오토마톤은 너무 오래되어서 그 역사가 로봇랜드의 기원까지 거슬러 올라간다. 이 기계가 정확히 무엇인지는 아무도 모른다. 다만 4,000년 전 중국 전설에 따르면 주사위 놀이를 할 수 있다고 한다. 우연히 이 오토마톤과 마주친다면, 주저하지 말고 게임에 도전해 보길 바란다. 물론 그를 물리치고 승리하기는 어려울 것이다.

은백조
오토마톤

`2` `10` `H4`

1773년 * 조지프 멀린, 제임스 콕스 * 영국

로봇랜드에서는 도박이 금지되어 있지만, 이곳에서도 도박판이 벌어진다는 소문이 돈다. 이 소문의 중심은 실제 백조와 같은 크기로 만든 은백조 오토마톤이다. 기계 장치를 보호하고자 하루에 한 번만 모습을 드러내는 이 새가 물고기를 얼마나 많이 잡을지를 두고 내기를 건다고 한다. 이 우아한 새는 온몸이 은으로 되어 있다. 백조가 떠 있는 시냇물은 길고 얇은 유리 기둥으로 만들었는데, 유리 기둥이 회전하면 정말로 시냇물이 흐르는 것처럼 보인다. 이 위에서 백조는 우아한 목을 좌우로 움직이고, 몸을 굽혀서 부리로 물고기를 잡는다.
혹시나 백조가 잡는 물고기의 수를 두고 내기를 걸 요량이라면, 영국 바우스 박물관의 경비에게 조심스럽게 요청해서 개울에서 헤엄치는 물고기가 모두 몇 마리인지 미리 세어 두자.

은백조는 진짜 백조와 크기가 같다. 시계에 쓰이는 다양한 기계 메커니즘을 이용해서 움직인다.

레카Leka

10 **I3** 2015년 * 레카 * 프랑스

언뜻 보면 레카는 그냥 공처럼 생겼다. 하지만 자폐 아동의 운동·인지·정서 능력을 향상시킬 수 있는 장난감이다. 이 로봇 친구는 표정을 바꾸고, 빛과 색깔, 소리를 활용하여 놀이를 한다. 놀이는 모바일 앱으로 사용자의 필요에 맞춰 설정할 수 있다.

자폐 스펙트럼 장애가 있는 어린이는 다른 사람과 소통하거나 사회적 신호를 해석하는 데 어려움을 겪지만, 로봇에는 잘 반응한다. 레카의 웃는 표정과 긍정적인 소리는 아이에게 자신감을 심어 주고, 앞으로의 성장에 도움이 된다.

큐브렛츠Cubelets

10 **H5** 2012년 * 모듈러 로보틱스 * 미국

큐브렛츠를 이용하면 직관적으로 로봇을 만들 수 있다. 큐브렛츠의 큐브는 그 자체로도 작은 로봇이며, 서로 자석으로 연결된다. 큐브의 종류도 다양하다. 센스Sense는 빛이나 거리, 온도 정보를 수신하는 검정색 로봇이다. 싱크 Think는 정보를 처리하는 로봇이며, 색이 여러 가지다. 액트Act는 조명을 켜거나 회전하는 등 동작을 처리하는 로봇이며, 투명하다. 배터리Battery는 말 그대로 배터리이며 파란색이다. 이 큐브들을 조합하는 방식은 무한하다. 큐브를 어떻게 구성하는지에 따라 로봇의 동작도 다르다. 큐브 조립은 중독적이니 조심해야 한다!

마이 키퐁My Keepon

10 **G5** 2003년 * 비트봇 * 미국

이 사랑스러운 인터랙티브 로봇은 누가 가까이 다가오든 상호작용할 수 있다. 키퐁은 재생되는 음악 리듬에 맞춰서 사방으로 움직이고 빙글빙글 회전한다. 프레드 아스테어(미국의 무용수 겸 배우-옮긴이)만큼 화려한 스탭을 뽐내지는 못하지만, 충분히 댄스 스타라고 할 만하다.

키퐁을 꼬집거나, 쓰다듬거나, 간지럽힐 수 있다. 그러면 키퐁은 알맞은 움직임과 소리로 반응한다.

레고 마인드스톰 NXT
Lego Mindstorms NXT

`10` `13`   2006년 * 레고 * 덴마크

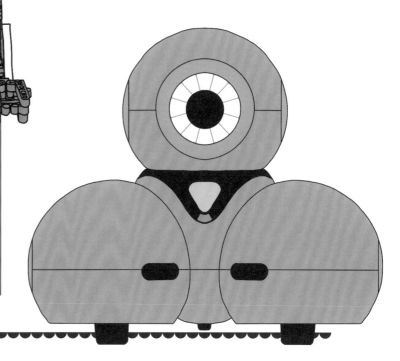

손을 움직여 무언가 만들기를 좋아하는 사람이라면 이번 정거장이 안성맞춤이다. 이곳에서는 레고로 로봇을 30분 만에 손쉽게 만들 수 있다. 레고 마인드스톰은 두 가지 유형이 있다. 하나는 구매한 후 집에서 직접, 다른 하나는 학습 센터에서 배우며 사용하는 유형이다. 두 가지 유형 모두 소프트웨어는 거의 비슷하다. 다른 레고 장난감과 마찬가지로 레고 마인드스톰도 블록을 쌓아서 만드는 방식이다. 하지만 마인드스톰은 소프트웨어와 연결해서 독립적으로 프로그래밍할 수 있다. 아마 점점 더 복잡한 로봇을 만들도록 도전할 것이다.

대시Dash

`10` `B3`   2014년 * 원더 워크숍 * 미국

대시는 몸집이 작고 색깔이 화려하고 눈이 하나밖에 없는 외계인처럼 보인다. 겉모습은 단순하지만, 서로 통합된 여러 센서와 마이크로폰, 스피커, LED 조명 덕분에 주변 환경과 완벽하게 상호작용한다. 다양한 앱을 활용해서 직관적인 방식으로 비주얼 프로그래밍을 배우기에 이상적이다.

쿠브KOOV

`10` `B3`   2018년 * 소니 * 일본

아이들은 쿠브를 가지고 놀면서 로봇을 코딩하고 만드는 법을 배운다. '로봇 레시피'라고 불리는 설명을 참고하고 비주얼 프로그래밍 방법을 활용하면 된다. 그러면 무수한 방식으로 조립된 색색의 블록과 센서, 작동 상치, 마이크로컨트롤러가 로봇으로 탄생할 것이다. 로봇을 만드는 데 자신감이 붙었다면, 국제 로봇 만들기 대회인 쿠브 챌린지KOOV Challenge에 참가할 수도 있다.

로봇랜드에도 사기꾼이 있다니…. 가장 유명한 사기꾼은 의심할 여지 없이 체스 두는 오토마톤 '튀르크인'이다. 이 오토마톤은 헝가리의 발명가 볼프강 폰 켐펠렌Wolfgang von Kempelen이 1770년에 오스트리아 황실에서 처음 선보였다. 체스 오토마톤답게 체스 판이 바퀴 달린 캐비닛 위에 놓여 있다. 그 뒤에는 터번을 두른 목각 인형이 오른손은 캐비닛 위에 얹고, 왼손은 튀르크식 담배를 들고 앉아 있다.

쇼는 이렇게 시작한다. 먼저 켐펠렌이 캐비닛의 작은 문을 열고 관객에게 자동 기계의 톱니바퀴 장치를 보여 준다. 캐비닛 내부가 잘 보이도록 불붙인 촛불까지 안에 둘 때도 있다. 그런 다음, 장치를 작동시켜서 감히 튀르크인과 대결하겠다는 사람을 불러낸다. 자원자가 나서서 장치를 가동하면 튀르크인이 살아나서 체스를 두기 시작한다.

놀랍게도 튀르크인은 패배한 적이 거의 없고, 유럽 전역을 순회하며 큰 성공을 거두었다. 훗날 켐펠렌의 아들이 크게 히트한 이 오토마톤을 팔면서 기계의 비밀까지 함께 넘겼지만, 게임은 계속되었다. 심지어 튀르크인은 나폴레옹 황제까지 굴복시켰다.

하지만 1857년, 체스 잡지 〈체스 먼슬리The Chess Monthly〉가 끝내 오토마톤의 속임수를 폭로했다. 캐비닛 안에 키 작은 사람이 숨어 있었던 것이다. 그 사람은 회전의자에 앉아 있다가, 켐펠린이 캐비닛 내부를 공개하겠다고 문을 열 때 의자를 회전시켜서 숨었다. 그 사람은 어두컴컴한 캐비닛 안에서 거울과 자석, 심지어 촛불 연기를 처리하는 장치를 이용해 튀르크인 인형을 움직였다.

오랫동안 속임수로 기계의 흥행을 이끈 체스의 대가가 최소 15명이나 된다고 한다.

이 튀르크인 오토마톤은 지능이 있는 기계는 아니지만, 기계적 독창성 덕분에 로봇랜드에서 당당히 한 자리를 차지했다. 캐비닛 안에 숨은 사람은 자석을 이용한 복잡한 시스템 덕분에 체스 판을 보지도 않고 게임을 진행했다. 게다가 튀르크인 인형의 팔을 제어하는 자동 장치도 따로 있었다. 바로 이 기계 장치가 체스 말을 쥐고 이동시킨다.

체스 두는 기계 튀르크인
Mechanical Turk

1 **10** **12** **F5**

1770년 * 볼프강 폰 켐펠렌 * 오스트리아

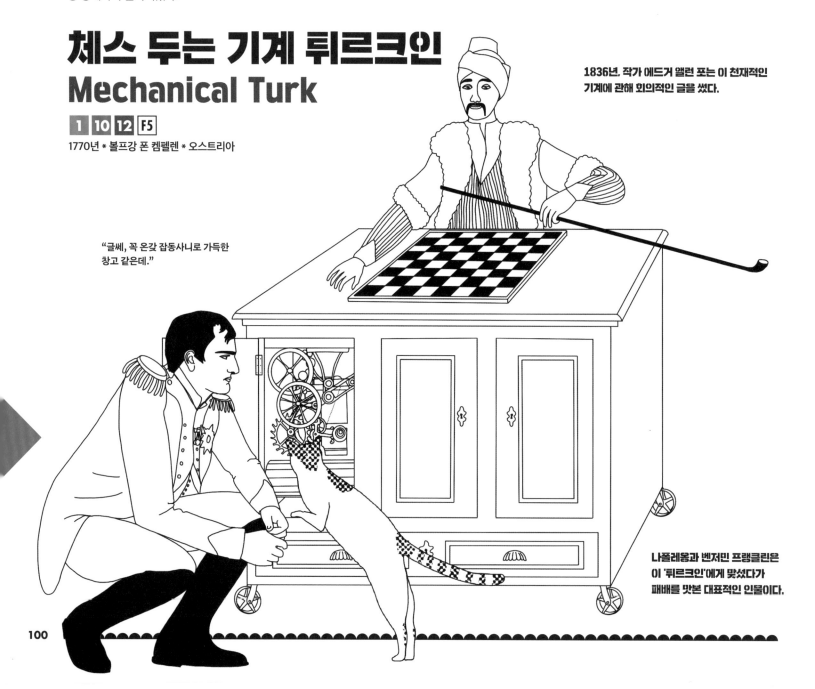

1836년, 작가 에드거 앨런 포는 이 천재적인 기계에 관해 회의적인 글을 썼다.

"글쎄, 꼭 온갖 잡동사니로 가득한 창고 같은데."

나폴레옹과 벤저민 프랭클린은 이 '튀르크인'에게 맞섰다가 패배를 맛본 대표적인 인물이다.

체스 오토마톤

10 **B3** 1920년 * 레오나르도 토레스 케베도 * 스페인

체스를 좋아한다면, 역사상 최초의 비디오 게임으로 꼽히는 이 오토마톤과 시합해 보라. 다만 게임을 처음부터 끝까지 할 수는 없다. 여러분은 흑말의 킹을, 기계는 백말의 킹과 룩을 가지고 종반전만 치러야 한다. 기계는 말의 위치를 평가한 후, 체스 판 아래에 있는 전자석으로 마치 마법처럼 말을 움직인다. 어떤 수를 쓰든 오토마톤이 매번 이길 것이다. 최대 63번 수를 주고받은 끝에, 여러분은 결코 잊지 못할 '체크메이트'를 당할 것이다.

위의 오토마톤은 레오나르도 토레스 케베도가 1912년에 만든 체스 기계를 개선한 두 번째 버전이다.

레오나르도 토레스 케베도 LEONARDO TORRES QUEVEDO
1850~1936

이 무명의 스페인 공학자는 1914년에 이렇게 말했다.
"오토마톤은 통찰력이 필요하다. (…) 오토마톤은 생명체를 모방하고, 받아들인 인상에 따라 행동하고, 상황에 따라 행동을 조정해야 한다."
케베도는 체스 오토마톤 말고도 수많은 발명품을 만들어냈다. 역사상 최초의 리모콘인 '텔레키노telekino'도 그의 작품이다. 오토마톤과 수력 파이프 오르간의 세계까지 두루 소개한다.

마누엘라 벨로주 MANUELA VELOSO
1957~

포르투갈의 전기 공학자이자 이론 컴퓨터 과학자.
현재 미국 펜실베이니아 피츠버그에 있는 카네기멜론대학교에서
AI를 연구하고 개발하고 있다. 또한, 벨로주는 자율 로봇 간의 국제적 경쟁을 통해
AI 연구를 촉진하는 국제 프로젝트 로보컵RoboCup을
공동으로 설립하였고 회장직을 지냈다.

축구선수들

로봇랜드에서는 스포츠의 왕이라 할 수 있는 축구에 대한 열정이 대단하다. 그러나 축구 팬이라면 로봇랜드의 축구 실력에 조금 실망스러울지도 모른다. 2050년에 로봇 축구팀과 인간 축구팀이 맞붙는다는 계획이 있지만, 아직은 로봇 축구선수의 수준이 살과 뼈로 이루어진 진짜 사람과는 비교도 할 수 없는 수준이기 때문이다. 어쨌거나 여러 휴머노이드 로봇이 로봇 축구 스타 자리를 놓고 치열하게 경쟁하고 있다. 이들은 누가 진정한 스타인지를 가리기 위해 로보컵에서 맞붙는다.

나오 Nao
1 **10** **C4** 2008년 * 알데바란 로보틱스(현재: 소프트뱅크 로보틱스) * 프랑스

브루노 Bruno
1 **10** **C4** 2010년 * 하지메연구소, 다름슈타트 공과대학교 * 독일

코페도 Copedo
1 **10** **D5** 2012년 * 본대학교 * 독일

님브로-OP2X NimbRo-OP2
1 **10** **E5** 2017년 * 본대학교 * 독일

11

폰타나

경이로운 물줄기

물은 로봇랜드에서 무척 중요하지만, 로봇 주민이 물을 마셔야 하기 때문은 아니다. 수력 에너지는 고대 그리스부터 수많은 기계 장치를 구동하는 원동력이었다. 아울러 다양한 시대의 기술자들은 갖가지 분수를 만들어 수력 에너지를 자유자재로 이용하려고 애썼다. 다만 천재 기술자들이 만든 분수는 대체로 장식용일 뿐이었다. 분수는 손님을 기쁘게 하고, 적을 향해 능력을 과시하고, 아름답고 독창적인 구경거리를 자랑하는 사치품이었다.

이슬람 세계에서 수력을 이용한 기계 장치는 늘 물이 퐁퐁 흐르는 낙원과 관련이 있다. 그래서 분수는 조경에 몹시 중요했다. 이슬람 공학자들은 손님이 정말로 천상에 와 있다고 착각할 만큼 다채롭고 변화무쌍하게 물줄기를 내뿜는 분수 장치를 개발하는 데 매달렸다.

물과 관련해 특별한 목적을 수행하는 오토마톤도 있다. 기도드리기 전에 손을 깨끗이 씻으려는 왕이 만약, 손에 물을 부어 주는 시종이 마음에 들지 않는다면 어떻게 해야 할까? 알 자자리와 같은 궁정 기술자가 대야에 자동으로 물을 채우는 기계 장치를 개발할 수밖에 없다. 동물과 인물 조각을 화려하게 새긴 자동 장치는 단순히 물을 채우고 부을 뿐만 아니라, 손 씻는 과정을 마법 같은 경험으로 바꾸어 놓는다.

하지만 조심하라. 잘못하다가는 흠뻑 젖을지도 모른다!

크레시비오스의 물시계

이 시계는 물의 힘으로 작동한다. 물은 분수 덕분에 끊임없이 수조 A로 흘러 들어가고, 계속해서 두 번째 수조 B로 흘러내린다. B에는 물에 뜨는 부표 C가 있다. C 위에 달린 인물상 D는 기다란 막대로 원통 E에 시간을 표시한다.

수조 B에 물이 차오르면서 부표 C도 함께 떠오르고, 그러면 C 위의 조각상 D도 점점 올라가면서 매시간을 표시한다. B가 물로 가득 차서 D가 끝까지 올라가면 낮 동안의 열두 시간이 지난 것이다.

한편, 물은 사이펀 형태의 관 F를 통해 수조 B를 빠져나간다. B에서 물 높이가 내려가면 조각상 D도 내려가기 시작한다. 이렇게 빈 B는 A에서 흘러 들어온 물로 다시 찬다. F를 통해 B에서 흘러나온 물은 바퀴 G로 떨어진다. 이 G가 돌아가면서 톱니바퀴 장치를 회전시키고, 톱니바퀴가 돌아가면서 시간이 표시되는 원통 E를 회전시킨다. 원통이 한 바퀴 완전히 회전하는 데에는 365일이 걸린다.

크레시비오스 KTĒSIBIOS
기원전 3세기

안타깝게도 현재까지 전하는 크레시비오스의 작품은 하나도 없다. 하지만 고대 로마의 건축가이자 공학자였던 비트루비우스의 증언 덕분에 그가 박식한 학자였다는 사실은 분명히 알 수 있다. 크레시비오스는 알렉산드리아 무세이온의 초대 관장이었다! 청년 시절에 그는 아버지가 이발소에서 사용할 수 있도록 자동 장치를 이용해서 올리고 내리는 거울을 발명했다. 이 거울은 독창적이고 기발한 발명가의 첫걸음일 뿐이었다. 그는 수력으로 움직이는 오르간(워터 오르간)과 자동 음향 장치, 전쟁에 쓰이는 기계, 로봇랜드에서 복제한 물시계 등을 발명했다.

알렉산드로스 대왕은 이집트를 정복한 뒤 알렉산드리아라는 새로운 수도를 건설했다. 기원전 332년, 이 새로운 도시에서 고대 그리스와 고대 이집트의 위대한 문명이 서로 만났다. 그런데 알렉산드로스가 세상을 뜨자, 그의 친구이자 장군이었던 프톨레마이오스가 왕위를 차지했다. 그는 알렉산드리아에 프톨레마이오스 왕조를 위한 거대한 궁전을 지었다. 세월이 흘러 프톨레마이오스 2세 필라델포스는 아버지가 지은 궁전의 정원 반대편에 새로운 건물을 지었다. 바로 예술과 학문의 여신 무사(뮤즈)에게 바친 성소, 무세이온이다.

무세이온 내부에는 대학과 그 유명한 알렉산드리아 도서관, 식물원, 실험실, 동물원, 천문대가 있었다. 전 세계 각지에서 학자들이 무세이온으로 찾아와 머물면서 고대의 지식을 집대성하고 새로운 지식을 발견하는 데 헌신했다.

제우스와 기억의 여신 므네모시네 사이에서 태어난 아홉 자매 무사다. 예술과 문학, 학문을 관장하는 이들은 시인과 예술가, 학자들에게 다가가서 재능을 불어넣고 영감을 속삭인다.

크테시비오스는 물시계에 고대 이집트식 시간 체계를 적용했다. 고대 이집트에서는 하루를 일출부터 일몰까지, 일몰부터 다음 일출까지 두 부분으로 나누었다. 그리고 이 낮과 밤을 다시 열두 부분으로 나누었다. 이 시간 체계는 오늘날 우리의 하루 24시간 체계와 맞지 않는다. 다들 잘 알다시피, 여름은 겨울보다 낮이 더 길다. 고대 이집트에서처럼 여름의 낮을 열두 시간으로 나누면, 이 한 시간은 지금 우리가 계산하는 한 시간보다 더 길다. 따라서 시간을 표시하기 위해 물시계 속 원통에 그려 놓은 선은 직선이 아니다. 원통은 회전하면서 각 계절에 맞는 시간 길이를 보여 준다.

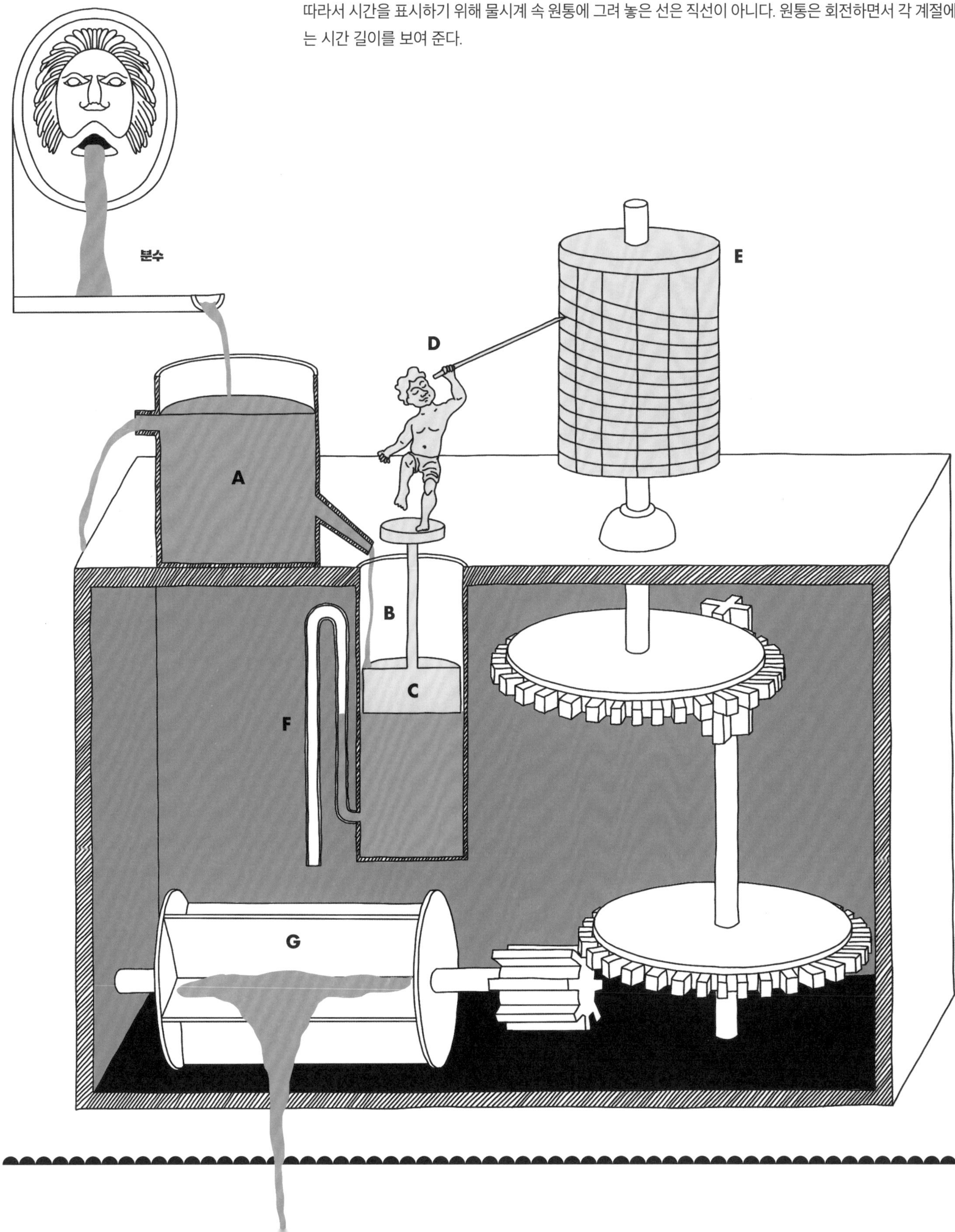

분수

A

B

C

D

E

F

G

헤론의 분수
Heron's Fountain

11 E6

1세기 * 헤론 * 로마제국의 이집트 속주 알렉산드리아

요즘에는 물을 위로 뿜어내는 분수가 별로 놀랍지 않다. 하지만 이것이 헤론의 이 수력기계에서 비롯했다는 사실을 알면 놀라울 것이다. 이 분수는 수조세 개로 구성되어 있다. 하나는 뚜껑이 없는 대야 모양(A)이고, 나머지 둘은 밀폐형(B와 C)이다. 처음에는 수조 B에만 물이 차 있고, C에는 공기만 들어있다. 그런데 A에 물을 채우면, 중력 때문에 물이 관을 통과해서 C로 떨어진다. C에 물이 차면 그 속의 공기는 B로 밀려난다. 그러면 공기의 압력 때문에 B의 물이 위로 밀려 올라가면서 A로 뿜어져 나온다.

물론, 이 장치는 영원히 작동하지 않는다. B에서 물이 다 빠지고 텅 비면 분수가 멈춘다.

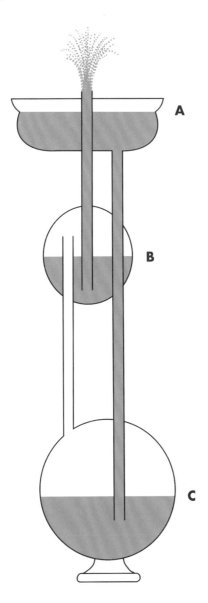

사티로스 분수

11 E7

1세기 * 헤론 * 로마제국의 이집트 속주 알렉산드리아

앞의 분수보다 더욱 극적인 이 장치의 주인공은 사티로스다. 대야 옆에 서있는 신화 속 존재 사티로스는 내부가 두 공간으로 나뉜 밀폐 용기 위에 올라가 있다. 처음에 용기의 위쪽 공간은 물로, 아래쪽 공간은 공기로 가득 차있다. 먼저 대야에 물을 부으면, A-B 관을 통해 물이 용기의 아래쪽 공간으로 흘러 들어간다. 그러면 이곳에 꽉 차 있던 공기가 밀려나서 C-D 관을 통해 위쪽 공간으로 올라간다. 위쪽 공간에 있던 물은 공기에 밀려나서 E-F 관을 통해 사티로스 몸통 안으로 흘러 들어갔다가 마침내 G를 통해 다시 대야로 떨어진다. 용기 속 위쪽 공간에서 물이 모두 빠져나갈 때까지 이 과정은반복된다.

노래하는 새 분수

`2` `9` `11` `G10`

1세기 * 헤론 * 로마제국의 이집트 속주 알렉산드리아

헤론의 이 분수는 새가 지저귀는 경이로운 광경을 선사한다! 다만 새가 노래하는 모습을 지켜보는 부엉이는 그다지 즐거워 보이지 않는다. 어쨌거나 분수의 메커니즘을 살펴보자. 먼저, 첫 번째 대야에서 아래의 폐쇄된 수조로 물이 떨어진다. 이 수조에 물이 차면, 그 안에 있던 공기가, 나뭇가지와 새와 연결된 관을 통해 바깥으로 빠져나간다. 이때 나는 소리는 꼭 새가 지저귀는 소리처럼 들린다. 수조에 물이 너무 많이 차면 새들의 노랫소리가 멈추고, 물이 더 아래에 있는 수조로 흘러 들어간다. 세 번째 수조에 물이 차오르면 공기 주머니가 떠오르면서 밧줄이 당겨지고, 이로 인해 부엉이가 앉은 받침대가 회전한다. 그러면 부엉이는 호기심 많은 눈길로 시끄러운 이웃들을 관찰한다.

말 분수

`2` `11` `G9`

기원전 3세기 * 필로 * 고대 그리스

아래쪽 대야에 있는 말이 위쪽 수조에서 떨어지는 물을 마신다. 사이펀의 원리를 적용한 덕분이다.

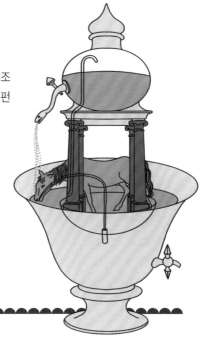

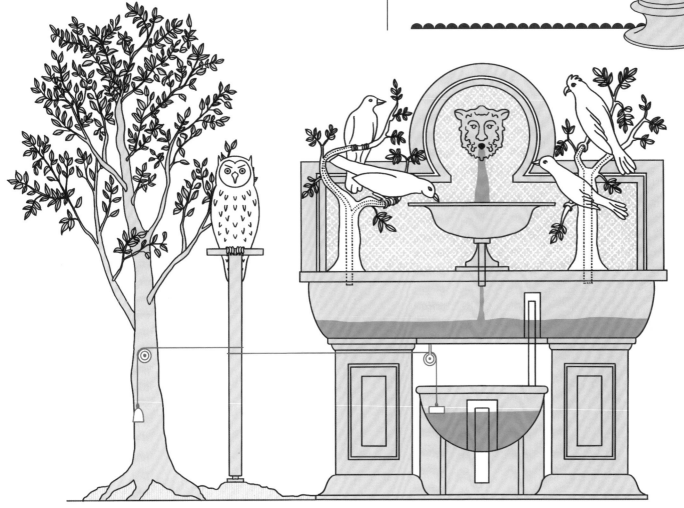

이슬람교도는 예배하기 전에 손이나 발 등을 깨끗하게 씻는다. 그런데 살리 나스르딘 모하메드(나시르 알 딘 마흐무드) 왕은 이 정화 의식 때 하인이 물을 부어 주는 것을 싫어했다. 바로 이 때문에 궁정 기술자 알 자자리는 대야에 물을 붓는 갖가지 오토마톤을 만들어야 했다.

하인 인형 세면대

1 11 H13 12세기 * 이스마일 알 자자리 * 이슬람 제국

이 작은 인형은 씻을 물을 부어 주고, 손을 닦을 수건과 거울, 빗까지 내놓는다. 우선 인간 하인이 인형의 모자를 벗기고 내부 수조에 물을 가득 채운 다음, 왕 앞에 이 장치를 대령한다. 내부 수조의 바닥에 밸브가 있는데, 이 밸브는 인형의 목에서 튀어나온 막대와 연결되어 있다. 막대를 돌리면 밸브도 함께 돌아가면서 수조 속 물이 관을 통해 주전자로 흘러나간다. 용 머리 모양을 한 주전자 주둥이는 사실 주전자 칸막이에 거의 붙어 있는 사이펀이다. 주전자에 물이 가득 차면, 내부의 공기가 이동할 수 있는 유일한 통로로 빠져나가면서 호루라기를 울려 소리를 낸다. 곧 용의 주둥이로 물이 흘러나오고, 수조 속 공기 주머니가 내려간다. 그러면 이 공기 주머니와 연결된 도르래 장치가 왕이 손을 다 씻었을 시간에 맞춰서 수건을 든 인형 팔을 움직인다.

무릎 꿇은 여인 세면대

1 11 G13 12세기 * 이스마일 알 자자리 * 이슬람 제국

알 자자리가 만든 자동 세면 장치는 갈수록 복잡하게 발전했다. 이번에는 무릎을 꿇은 여인이 대야에 씻을 물을 부어 준다.. 물은 대야 속 오리의 부리를 통과해 아래에 놓인 수조로 흘러 들어간다. 이 수조에 물이 점점 차오르면서 공기 주머니가 떠오르고, 이와 동시에 공기 주머니에 연결된 도르래 장치가 움직인다. 그러면 여인이 팔을 움직여서 수건을 건넨다.

자동으로 물줄기를 바꾸는 분수The Fountain with Two Tipping Buckets

11 **D8** 12세기 * 이스마일 알 자자리 * 이슬람 제국

이 분수는 더 커다란 연못 안에 설치한다. 처음 한 시간 동안은 중앙의 수직 분출구 한 군데로 물을 내뿜고, 그다음 한 시간 동안은 수직 분출구 둘레의 곡선 분출구 여섯 군데로 물을 내뿜는다. 요즘에는 이런 분수가 몹시 흔하지만, 이 장치는 무려 12세기에 탄생했다!

먼저 물이 파이프로 흘러 들어와 작은 구리 그릇을 가득 채운다. 이 그릇은 구멍이 네 개 뚫려 있는 관의 한가운데와 연결되어 있다. 그런데 이 관은 시소처럼 움직인다. 물이 구리 그릇에서 관으로 이동해 관의 오른쪽이 더 무거워지면, 관이 오른쪽으로 기운다. 그러면 물은 관의 오른쪽에 있는 구멍 두 군데로 쏟아져 나간다. 이때, 안쪽 구멍에서 쏟아진 물은 상하로 움직이며 기울어지는 수조를 채운다. 바깥쪽 구멍으로 쏟아진 물은 좁은 파이프를 통과해서 분수의 수직 분출구로 나간다. 한 시간이 흐르면 수조가 가득 찼다가 물의 무게 때문에 기운다. 그러면 시소 같은 관이 왼쪽으로 기운다. 당연히 물도 왼쪽에 나 있는 구멍 두 군데로 쏟아진다. 이번에도 안쪽 구멍으로 쏟아진 물은 기울어지는 수조를 채우고, 바깥쪽 구멍으로 쏟아진 물은 좁은 파이프를 통과해서 분수의 곡선 분출구 여섯 군데로 나간다. 분수가 작동하는 동안 이 과정이 되풀이된다.

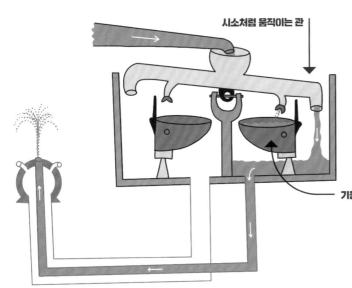

시소처럼 움직이는 관

기울어지는 수조

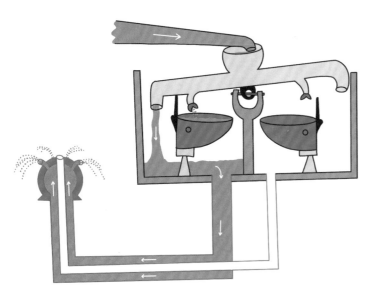

이스마일 알 자자리ISMAIL AL-JAZARI
1136~1206

알 자자리는 중세의 가장 뛰어난 학자 가운데 한 명이다. 그는 고대 그리스와 페르시아, 인도, 중국 등 과거의 지식을 두루 공부했고, 기존 발명품을 개선해서 새로운 기계 장치를 발명해 냈다. 더욱이 이 이슬람교도 발명가는 공학자이자 예술가, 천문학자, 위대한 학자일 뿐만 아니라 중세의 베스트셀러 《독창적인 기계 장치의 지식에 관한 서》의 저자이기도 하다. 알 자자리는 평생 시행착오를 겪으며 완성해 낸 기계 장치 백 가지를 이 책에서 설명했다. 그뿐만 아니라 자세한 치수와 지시 사항을 곁들인 삽화까지 실어 놓았다.

바누 무사 형제가 고대 그리스의 헤론과 필로를 연구했듯이, 알 자자리 역시 선배 발명가인 바누 무사 형제를 연구했다. 그 덕분에 이들은 앞선 발명가들보다 더 훌륭한 장치를 만들어 냈다. 바누 무사 삼 형제도 물줄기가 자동으로 바뀌는 분수를 만들었다. 이 형제의 분수는 물이나 바람의 힘으로 넓적한 날이 달린 도구를 움직여서 물줄기를 변화시켰다. 하지만 물줄기가 바뀌는 간격이 너무 짧아서 놀라운 변화를 제대로 감상할 시간이 부족했던 것 같다. 그래서 로봇랜드에서는 알 자자리의 분수를 선보인다. 물줄기는 언제나 정시에 바뀐다. 절대 놓치지 마시길!

도금 황동 자동 분수

`11` `G8` 19세기 * 제작자 미상 * 프랑스

사실, 이 분수는 물을 뿜어내지 않기 때문에 진정한 분수가 아니라고 말할 수 있다. 하지만 홀로 이 분수를 감상할 때, 아니면 손님과 함께 구경하며 감탄할 때, 이 분수가 진짜 물을 내뿜는지 아닌지가 과연 중요할까? 분수 앞쪽 판은 갈대로 장식되어 있다. 한가운데에 있는 사자의 입에서 소용돌이 모양 유리 막대가 빙글빙글 돌아가며 마치 물줄기가 뿜어 나오는 것 같은 착시 현상을 일으킨다. 사자 머리 아래를 보면, 사람 한 명이 조가비로 떨어지는 유리 물줄기 폭포를 맞으며 목욕을 즐기고 있다.

클리블랜드 미술관 탁상용 분수Table Fountain

`11` `D7` 14세기 * 제작자 미상 * 프랑스

클리블랜드 미술관에 있는 이 장치는 유일하게 살아남은 중세 탁상용 분수다. 탁상용 분수는 보통 귀금속으로 만드는데, 이 분수를 제외한 나머지는 끝내 금속 세공사의 작업장으로 돌아가 일반 그릇으로 바뀌었기 때문일 것이다. 고딕 건축물을 정교하게 축소해 놓은 듯한 이 분수는 움직이는 부품들을 이용해서 물줄기를 뿜어낸다. 분수에서 장미 향이 은은하게 퍼지더라도 놀라지 않길 바란다. 이 분수는 물을 마시기 위해 만든 장치가 아니라 감동과 놀라움을 선사하기 위한 장치다. 장미 향기를 입힌 물로는 후각을, 화려한 에나멜 장식과 반짝이는 물줄기로는 시각을, 물레바퀴로 회전시켜 내는 방울 소리는 청각을 즐겁게 자극한다.

12
레아트룸

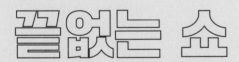

끝없는 쇼

지루함을 이겨 내고 남들에게 과시하려는 욕망은 테아트룸의 로봇을 개발하려는 충동으로 이어지곤 한다. 이 노선에서는 그림처럼 아름다운 무대와 진기한 상황이 펼쳐진다. 화려한 쇼의 관객이 된 로봇랜드 방문객들은 깜짝 놀라며 박수갈채를 보낼 것이다. 테아트룸의 로봇과 자동 장치는 어떤 작업을 수행하기 위해서가 아니라 순수하게 즐거움을 만들어 내기 위해서, 독특하고 흥미진진하고 이상야릇한 대상을 보여 주기 위해서 존재한다.

이 로봇들은 비범한 능력을 보여 주고, 이야기를 들려주고, 때로는 충격을 안겨 주기까지 하는 친구다. 오락과 재미를 위한 예술가라고도 할 수 있다.

테아트룸 주민들은 화려한 퍼포먼스의 비결을 대체로 비밀에 부친다. 물론, 이들의 재주는 참으로 감탄을 자아내며 마법과 환상의 세계로 이끈다.

이들이 활약하는 극장이나 공연장에 가려면 표를 사야 한다. 서둘러서 예매하는 편이 좋을 것이다.

가젤 물시계 Castle and Gazelle Clock

2 7 11 12 G9 11세기 * 이븐 칼라프 알무라디 * 이슬람 제국

물과 수은, 도르래 장치로 움직이는 이 오토마톤은 귀부인 두 명이 궁전 정원으로 나가서 가젤이 물을 마시는 모습을 구경하는 장면을 극적으로 표현한다. 이 귀부인들을 보려고 어느 사내가 우물 밖으로 머리를 내밀자, 그를 막으려는 뱀들이 곧바로 나타난다. 가젤이 물을 다 마시면 여인들도 달아나고, 청년도 우물 안으로 숨는다.

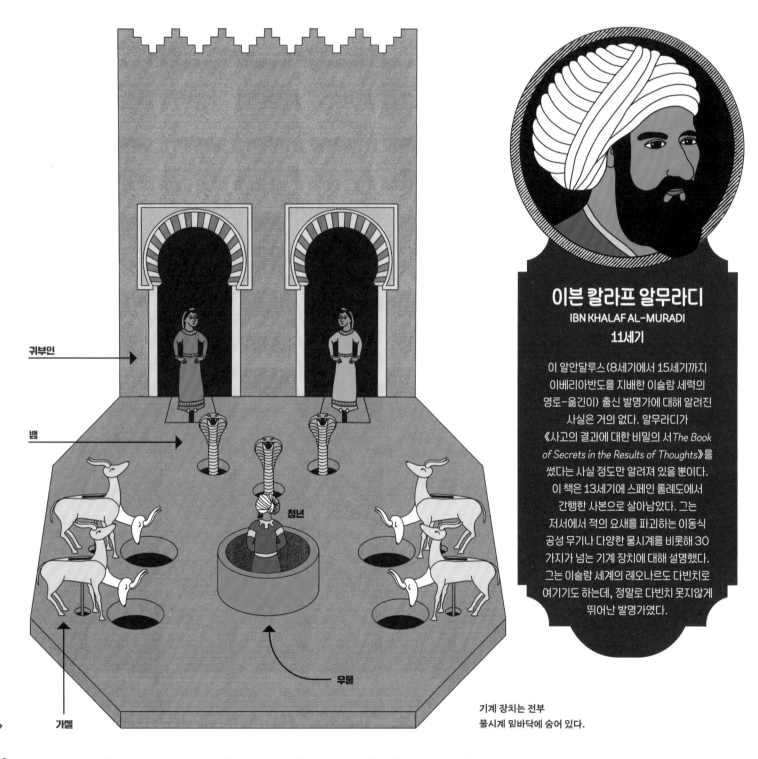

귀부인

뱀

청년

우물

가젤

기계 장치는 전부
물시계 밑바닥에 숨어 있다.

이븐 칼라프 알무라디
IBN KHALAF AL-MURADI
11세기

이 알안달루스(8세기에서 15세기까지 이베리아반도를 지배한 이슬람 세력의 영토—옮긴이) 출신 발명가에 대해 알려진 사실은 거의 없다. 알무라디가 《사고의 결과에 대한 비밀의 서 *The Book of Secrets in the Results of Thoughts*》를 썼다는 사실 정도만 알려져 있을 뿐이다. 이 책은 13세기에 스페인 톨레도에서 간행한 사본으로 살아남았다. 그는 저서에서 적의 요새를 파괴하는 이동식 공성 무기나 다양한 물시계를 비롯해 30가지가 넘는 기계 장치에 대해 설명했다. 그는 이슬람 세계의 레오나르도 다빈치로 여기기도 하는데, 정말로 다빈치 못지않게 뛰어난 발명가였다.

나우마키아naumachia는 로마제국의 상류층이 즐기던 대규모 모의 해전 공연이다. 막대한 비용이 들어가는 나우마키아는 복잡한 무대 장치를 통해 가장 장엄하고 역사적인 해상 전투 장면들을 재현했다. 호수나 강, 물을 채운 원형 극장, 공연을 위해 특별히 건설한 저수지에서 상연했고, 보통 포로나 죄수, 노예가 배우로 나섰다.

이런 대규모 퍼포먼스를 처음으로 조직한 사람은 율리우스 카이사르Gaius Julius Caesar다. 그는 기원전 46년에 카이사르의 내전에서 승리를 거두고 이를 기념하고자 축제를 열었다. 나우마키아는 승전 축제의 일부였고, 대중은 화려한 해전 공연에 열광했다. 이후로 관련 기술이 발전을 거듭하며 제국의 힘을 과시하는 나우마키아가 꾸준히 상연되었다. 로봇랜드에서는 가장 규모가 크고 유명한 클라우디우스 황제의 나우마키아 작품을 선보인다. 그러나 미리 경고하겠다. 아주 거칠고 폭력적이기 때문에 심신이 민감한 관객에게는 적합하지 않을 수도 있다.

소라고둥 나팔을 부는 트리톤

2 9 12 H9 1세기 * 클라우디우스 황제 * 로마제국

클라우디우스 황제는 푸치네 호수의 배수로 개통을 기념하며 이곳에서 성대한 나우마키아를 공연했다. 이 작품은 시칠리아와 로도스가 맞붙은 해전을 재현했다. 역사가 타키투스는 양측이 전함을 12척씩 배치했다고 기록했다. 전투에 참여한 병사의 수도 19,000명이나 되었다.

로봇랜드에서는 이곳 주민이 직접 공연을 펼치기 때문에 로봇랜드 여행 도중 나우마키아를 직접 감상할 수 있다. 은으로 만든 트리톤(포세이돈과 암피트리테의 아들-옮긴이)이 기계 장치를 통해 호수 한가운데서 나와서 소라고둥 나팔을 불어 쇼의 시작을 알린다.

트리톤은 상반신은 사람, 하반신은 물고기인 인어의 모습이다.

고대 로마의 역사가 수에토니우스는 《황제 열전》에서 트리톤이 무대에 등장하기 전에 배우로 동원된 전쟁 포로들이 황제에게 이렇게 소리쳤다고 밝혔다. "황제 폐하, 곧 죽을 이들이 그대에게 인사드리옵니다(Ave Caesar, morituri te salutant)." 정말로 그들은 곧 물에 빠져서 죽거나 다른 배우와 싸우다가 죽을 운명이었다. 하지만 황제는 "죽지 않을 수도 있지."라고 대꾸했다. 이 대답에 배우들은 당황스러워했다. 죽지 않을 수도 있다는 말을 듣고 나니 싸우고 싶은 마음이 싹 사라졌던 것이다. 그러자 엄청난 혼란이 벌어졌다! 해상 전투를 벌일 호숫물, 값비싼 무대 장치와 도구, 전국 각지에서 몰려온 구경꾼을 두고 공연이 실패할 위기였다. 결국, 황제가 자비를 구하는 포로들의 요청을 물리치고 전투를 시작하라고 명령했다.

이후로 "Ave Caesar, morituri te salutant."는 역사에 남아 검투사들이 검투 시합에 나서기 전에 황제에게 외치는 인사말이 되었다. 하지만 이 인사말에 얽힌 일화를 이야기하는 기록은 수에토니우스의 글이 유일하다.

헤라클레스와 용

`1` `2` `9` `11` `12` `G11`

1세기 * 헤론 * 로마제국의 이집트 속주 알렉산드리아

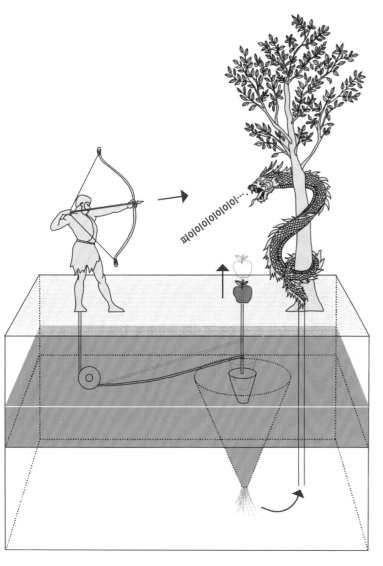

피이이이이이이아······

이 장치가 보여 주는 장면은 단순하다. 헤라클레스가 용에게 화살을 쏘고, 화살을 맞은 용이 마치 바람 빠지는 소리를 내며 죽는다. 이번에도 기계 장치는 전부 받침대 아래에 숨어 있어 보이지 않는다.

쇼는 땅에 떨어진 사과를 줍는 것으로 시작한다. 사과를 집어 올리면 헤라클레스의 손을 붙잡고 있던 갈고리가 풀리면서 활이 날아간다. 이와 동시에 위쪽 수조의 마개가 올라가면서 물이 아래쪽 수조로 흘러 들어간다. 아래쪽 수조가 물로 가득 차면, 내부의 공기가 용과 연결된 관으로 밀려난다. 이때 공기가 호루라기를 통과하면서 죽어 가는 용의 비명을 만들어 낸다.

'말하는 머리'는 마법과 초자연적 요소가 스며든 전설에서 흔히 등장한다. 그런데 그 머리가 중세에 실제로 나타났다. 999년에 교황으로 선출되어 실베스테르 2세가 된 제르베르 도리악Gerbert d'Aurillac이 11세기에 말하는 머리를 발명한 주인공으로 꼽힌다. 그는 악마의 도움으로 "예" 또는 "아니요"라고 말할 수 있는 머리를 만들었다고 한다. 세월이 흘러 13세기에는 영국의 신학자이자 철학자인 로저 베이컨Roger Bacon이 말하는 머리를 만들었다. 이 황동 머리는 미래에 관한 질문에 대답한다. 더 나중에는 이런 기계 장치에 관한 문서도 작성되었다. 다만 그즈음에는 말하는 머리가 이미 마법의 세계를 떠나 과학의 영역으로 들어가 있었다.

말하는 머리

`1` `12` `E7` 18세기 * 아베 미칼 * 프랑스

아베 미칼은 30년 동안 작업한 끝에 파리의 과학 아카데미 앞에 단순하고 기본적인 대화를 나눌 수 있는 머리 두 개를 설치했다. 이 두 개의 머리는 코린트식 기둥 두 개 사이의 자그마한 극장 같은 공간에 놓였다. 크랭크 핸들로 작동하는 기계 장치가 이 무대 아래에 숨어서 소리를 냈다. 이 수다 기계는 그다지 성공을 거두지는 못했다. 말하는 머리와 나누는 대화가 별로 즐겁지 않았기 때문이다. 하지만 직접 파리의 마레 지구에 있는 텅플르 거리로 가서 머리와 대화를 나눠 보고 판단하는 것도 좋다.

"왕이 유럽에 평화를 가져왔다."

"평화가 왕의 영광을 가득 감싼다."

"그리고 평화는 왕의 백성에게 행복을 가져다준다."

"오, 경애하는 왕, 백성의 아버지시여, 당신의 행복은 왕좌에서 유럽에 영광을 보여 주나이다."

유포니아Euphonia

1 12 III 19세기 * 요제프 파베르 * 오스트리아, 미국, 영국

유포니아는 사람의 목소리를 재현하며, 억양을 바꿔서 여러 언어를 말할 수도 있다. 실제로는 인간의 발성 기관을 복제한 기계 장치로, 전면에 여성의 얼굴을 걸어서 메커니즘을 숨겼다. 유포니아는 힘줄과 근육 대신 줄과 지렛대로 움직이는데, 인간이 직접 키보드를 쳐서 줄과 지렛대를 작동해야 한다. 키보드의 건반 17개는 각각 혀와 입술, 턱, 성대를 움직인다. 페달을 밟으면 송풍기가 진동판과 호루라기가 달린 관으로 압축 공기를 내보낸다. 이 과정에서 소리가 발생하며 기계가 말한다.

요제프 파베르Joseph Faber는 청년 시절 말하는 메커니즘에 관한 책을 손에 넣은 후 말하는 기계를 만들기 시작했다. 그가 이 위업을 달성하는 데에는 무려 25년이 걸렸다.

1840년, 파베르는 오스트리아 빈에서 첫 번째 말하는 기계를 선보였지만, 기대만큼 관심을 불러일으키지 못했다. 그는 첫 번째 기계를 파괴하고 미국으로 건너가서 또다시 시도해 보았다. 미국에서 두 번째 기계를 만들었지만, 이번에도 행운은 그의 편이 아니었다. 1845년, 사기 행위를 간파하는 데 전문가였던 물리학자 조지프 헨리Joseph Henry가 파베르 앞에 나타났다. 헨리는 파베르의 기계에서 그 어떤 속임수도 발견하지 못했고, 오히려 파베르가 필라델피아에서 발명품을 발표하도록 격려했다. 안타깝게도 그는 또 실패했다!

그 이후, 어딘가 수상쩍은 쇼맨 피니어스 테일러 바넘Phineas Taylor Barnum이 파베르에게 접근했다. 바넘은 파베르의 기계를 넘겨받아, 신비로우며 눈길을 끌 만한 이름인 '유포니아'라고 불렀다. 그는 유포니아를 런던에 가져가서 명성을 얻으려고 마음먹었다. 정말로 유포니아는 런던 박람회의 이집트관에서 전시되어 영국 국가 〈하느님, 여왕 폐하를 지켜 주소서〉를 노래하기까지 했다. 하지만 아무 소용 없었다. 유포니아는 영국 국가를 부르고도 런던 대중에게서 좋은 평가를 받지 못했다. 영국 각지를 돌며 인기를 끌어 보려 했던 마지막 시도조차 싸늘한 냉대로 되돌아왔다. 결국 파베르는 작품을 파괴하고 목숨도 끊었다.

"말하는 속도가 느린 점 양해해 부탁드립니다. 안녕하세요, 신사 숙녀 여러분. 날이 덥군요. 비가 자주 내리는 날씨예요."

파베르의 기계는 인공적 말하기 분야에서 역사적 성취를 거두었다. 그러나 안타깝게도 그의 작품은 당대 과학계에서는 무시당했다.

날아다니는 커다란 말똥구리

2 | **12** | **H10**   16세기 * 존 디 * 잉글랜드 왕국

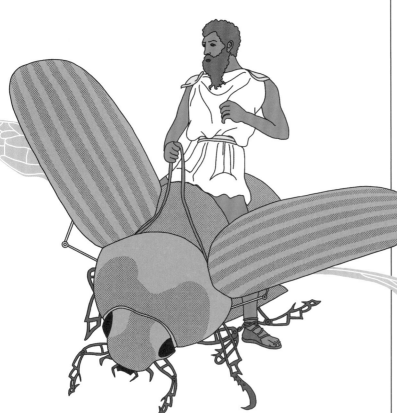

존 디는 잉글랜드 엘리자베스 1세 시대의 학자이자 점성술사. 그는 고대 그리스의 희곡 작가 아리스토파네스의 희극 〈평화〉를 잉글랜드에서 초연한 후 흑마술사라는 혐의를 받았다. 이 작품에서 주인공 트뤼가이오스는 거대한 쇠똥구리를 타고 신들의 궁전으로 날아간다. 존 디는 이 장면을 위해 기계 쇠똥구리를 발명해서 공연에 선보였다. 존 디가 초자연적 주술과 마술에 열광한다는 사실을 잘 알았던 청중은, 그가 악마와 거래를 맺어 날아다니는 벌레를 만들어 냈다고 상상하며 아연실색했다. 이 커다란 기계 곤충이 작동하는 방법에 관한 기록은 남아 있지 않다. 어떤 사람들은 존 디가 자신의 기계 공학 지식을 홍보하기 위해 과장했으리라고 추측한다. 진실이 무엇이든, 엄청나게 커다란 곤충을 무서워하지만 않는다면 로봇랜드 극장에서 연극 공연을 즐길 수 있다.

아틀라스 더 넥스트 제너레이션Atlas the Next Generation

1 | **12** | **I11**   2016년 * 보스턴 다이내믹스 * 미국

아틀라스는 어떤 환경에서도 움직일 수 있으므로 태양의 서커스Cirque du Soleil 단원으로 뽑힐 자격이 충분하다. 여느 파쿠르(아무런 안전장치 없이 주변 지형과 건물, 사물 등을 이용해 한 지점에서 다른 지점으로 이동하는 곡예-옮긴이) 전문가와 마찬가지로, 아틀라스는 가능한 한 효율적이면서도 단순한 방식으로 한 장소에서 다른 장소로 이동하는 법을 연습한다. 물론 항상 성공하지는 않지만, 빠르게 배운다. 달리기와 뛰어오르기, 공중제비 넘기를 무척이나 좋아하고, 심지어 물건을 조작하거나 이동할 수도 있다. 아틀라스가 움직이는 모습은 정말이지 장관이다!

솔로몬의 왕좌

◯ 2 12 H10

기원전 10세기 * 솔로몬 왕 * 이스라엘 왕국

이 신화적 왕좌를 둘러싼 수많은 설명이 존재한다. 우선, 왕좌에 올라가려면 먼저 황금 계단을 여섯 칸 올라가야 한다. 계단 양옆에는 황금으로 만든 사자들이 앉아 있는데, 계단을 타는 왕에게 앞발로 인사하며 꼬리로 바닥을 탁탁 내려친다고 한다. 왕좌 주변에는 에메랄드와 루비로 뒤덮인 황금 수풀이 우거져 있다. 이 사이에 새들이 깃들어서 노래하고 그윽한 향기를 퍼뜨린다. 이뿐만이 아니다. 왕좌는 저절로 오르락내리락하며 왕궁의 신하들을 깜짝 놀라게 한다. 왕이 자리에 앉으면, 기계 비둘기 하나가 날아와서 토라Torah(모세오경이나 구약 성서 전체, 혹은 유대교 율법 그 자체를 가리키는 말-옮긴이)를 가져다준다.

로봇랜드에서는 다양한 묘사를 모두 참고해서 만든 솔로몬의 왕좌를 감상할 수 있다. 하지만 절대로 왕좌에 앉아 보려고 시도하지 않길 바란다. 솔로몬의 왕좌에 앉으려던 이집트 파라오 한 명이 황금 사자에게 공격을 받고 평생 절름발이가 되었다고 한다.

카라쿠리からくり

1 12 E7 **18~19세기 * 제작자 미상 * 일본**

일본이 로봇과 사랑에 빠져 로봇을 만들어 온 역사는 이 자그마한 나무 자동인형에서 시작했다. 카라쿠리는 종류가 다양한데, 공중제비를 돌며 계단을 내려가는 것과, 놀이를 도와주는 것, 공연 무대나 종교 행사에서 활동하는 것 등이 있다. 태엽과 톱니바퀴를 활용한 이 정교한 기계 장치는 귀엽고 장난스럽게 움직인다. 누구든 카라쿠리의 움직임을 보자마자 사랑스러워서 못 배길 것이다.

로봇랜드에서는 자시키 카라쿠리座敷からくり를 만나 볼 수 있다. 보통 집안에서 차를 따라 주는 이 카라쿠리는 여러분에게도 차를 대접할 것이다. 선물 가게에서 이 자그마한 카라쿠리를 구입할 수도 있다.

피아니스트 오토마톤

1 **9** **12** **C11** 18세기 * 피에르 자케 드로 * 스위스

이 피아니스트는 서로 다른 멜로디를 다섯 가지나 연주한다. 게다가 단순히 악기를 연주하는 척하지 않고, 정말로 손 가락을 움직여서 실제 오르간의 건반을 누른다. 손의 움직임을 눈으로 좇아가고 몸을 기울이면서 음악을 느끼는 모습이 마치 살아 숨 쉬는 것 같다. 연주를 끝내고 나서는 고개도 살짝 숙여 인사한다. 그러면 꼭 박수로 화답해 주길.

그림 그리는 소년 오토마톤

1 **12** **H12**

18세기 * 피에르 자케 드로 * 스위스

부품이 2,000개나 되는 이 오토마톤은 눈길을 따라 연필을 움직여서 네 가지 그림을 그린다. 개 한 마리, 나비가 끄는 탈것을 탄 큐피드, 연인 한 쌍, 루이 15세의 초상화가 그것이다. 심지어 종이 위를 후후 불어서 연필 가루를 날려 보내기까지 한다.

글 쓰는 소년 오토마톤

1 **12** **I12** 18세기 * 피에르 자케 드로 * 스위스

글 쓰는 소년 오토마톤은 자케 드로가 만든 오토마톤 가운데 가장 화려하고 극적이다. 부품 역시 가장 많이 쓰여서, 무려 6,000개 가까이 들어 있다. "나를 발명한 사람은 자케 드로입니다"라는 문장을 가장 먼저 쓰지만, 이뿐만 아니라 사용자가 설정한 글자를 최대 40자까지 쓸 수 있다. 고개를 움직이고, 펜에 잉크를 채우고, 종이에 얼룩이 지지 않도록 여분의 잉크를 짜내는 동작도 선보인다. 글씨체는 누구나 부러워할 만큼 훌륭하다. 그런데 이 오토마톤에게 무례한 내용을 쓰라고 시키면 안 된다. 벌금을 물 수도 있다!

"당신에게는 마음대로
당신을 꺼 버릴 수 있는 사람이 있나요?
나에게는 왜 그런 사람이 있죠?"

_에이바AVA
영화 〈엑스 마키나〉
(알렉스 가랜드 감독, 2015년)

로봇랜드 주민 찾아보기

지은이 베르타 파라모

베르타 파라모 피노Berta Páramo Pino는 건축을 공부했지만 일러스트는 그녀를 또 다른 방향으로 이끌었다. 논픽션을 주로 다루며, 조사하는 모든 주제에 대해 미지의 길을 걷는 일을 좋아한다. 그림 그리는 일은 베르타가 세상을 보는 시선을 표현하는 방식이며, 여전히 배우는 과정에 있다고 믿는다. 베르타의 첫 번째 그림책은 《기후 변화*Cambio climático*》이며, 《몸 안의 액체들*Fluidoteca*》은 2022년 볼로냐국제도서전에서 라카치상을 받았다.

옮긴이 성소희

서울대학교에서 미학과 서어서문학을 공부했다. 글밥아카데미 수료 후 바른번역 소속 번역가로 활동 중이다. 옮긴 책으로는 《알렉산더 맥퀸: 광기와 매혹》, 《코코 샤넬: 세기의 아이콘》, 《고전 추리 범죄소설 100선》, 《여신의 역사》, 《땅의 역사》, 《사라져가는 장소들의 지도》, 《지도로 보는 인류의 흑역사》 등이 있으며, 철학 잡지 〈뉴 필로소퍼〉 번역진에 참여하고 있다.

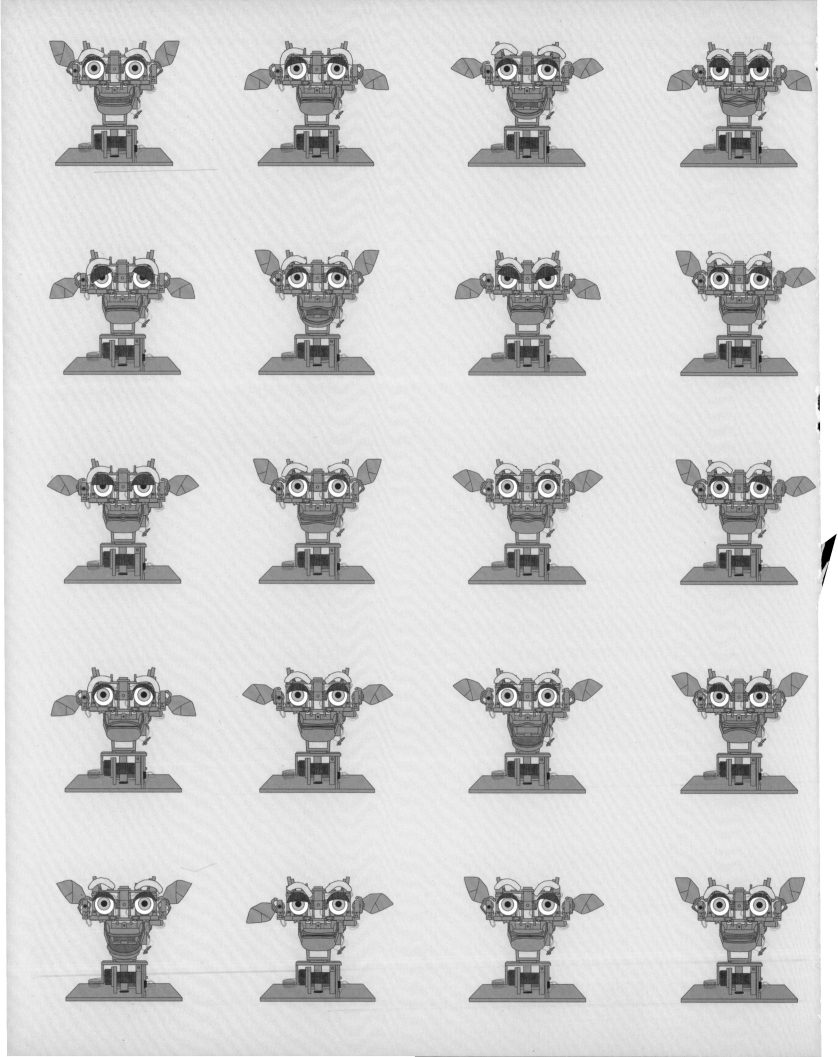